21세기 도시를 위한

현대 도시계획론

이 도서의 국립중앙도서관 출판예정도서목록(CIP)은 서지정보유통지원시스템 홈페이지(http://seoji.nl.go.kr)와
국가자료공동목록시스템(http://www.nl.go.kr/kolisnet)에서 이용하실 수 있습니다.
CIP제어번호: CIP2020003454(양장), CIP2020003455(무선)

21세기 도시를 위한

현대 도시계획론

조재성 지음

한울
아카데미

차 례

머 리 말

지속가능성이라는 개념이 처음 언급된 것은 1987년 노르웨이 수상이던 그로 할렘 브룬틀란Gro Harlem Brundtland의 지도하에 발표된 「브룬틀란 보고서Brundtland Report」에서이다. 이후 지속가능한 개발에 대한 관심은 뜨거워져 도시계획 분야에도 커다란 영향을 미치고 있다. 특히 선진국에서는 각국 고유의 역사적·문화적 상황을 배경으로 지속가능한 개발을 기조로 한 새로운 패러다임이 등장하고 있다. 그러나 21세기 도시계획은 여전히 근대 도시계획의 영향에서 자유롭지 못하다. 따라서 지속가능한 개발을 위해서는 도시계획의 역사를 먼저 파악해야 한다. 이에 이 책은 근현대 도시계획 패러다임이 전환하던 시기에 초점을 두고 현대 도시계획의 탄생에서부터 도시계획이 진화·발전해 온 과정을 살펴본다.

이 책은 먼저 산업혁명 전후의 시기에 영국과 독일에서 단편적으로 등장한 도시계획 형태를 중심으로 도시계획이 시작되던 여명기를 고찰한다. 20세기 도시계획을 이끈 계획가들의 이론에 대해서는 최근에 발표된 연구 성과들을 참고했다. 근대 도시계획의 실패는 21세기의 도시계획 패러다임이 등장하는 동기로 작용했는데, 근대 도시계획이 실패한 이유는 20세기 유토피언적인 도시계획 사상가들의 철학과 이념에 한계가 있었기 때문이다. 한편 21세기 도시계획의 대안적인 패러다임으로는 자율주행 자동차와 스마트 시티의 등장을 분석하면서 미국과 영국의 도시계획 사조를 소개한다.

선진 각국은 스마트 시티를 필두로 새로운 도시계획의 패러다임을 발전시키고 있다. 구미 각국에서 추진되어 온 도시계획을 연구한 이 책이 우리나라에 21세기형 도시계획 패러다임을 구축하는 데 일조할 수 있기를 소망한다.

이 책을 집필하는 데에는 서울시립대학교 도서관의 체계적인 자료 정리와 효율적인 시스템이 커다란 도움이 되었다. 안정적이고 학구적인 분위기에서 집필할 수 있도록 겸임교수 기회를 허락한 서순탁 서울시립대학교 총장과 국제도시과학대학원 박현 원장의 관대한 배려에 감사드린다.

2020년 1월
배봉산 자락에서

제1장

도시계획의 여명기

1. 근대 이전의 도시계획

1) 산업혁명 이전의 도시계획

산업혁명 이전에도 대도시는 있었다. A.D. 3세기경, 고대 로마의 인구는 대략 80만~120만 명이었다. 엘리자베스 시대(1558~1603년)에는 런던 인구가 22만 5000명가량에 달했다. 이렇다 보니 이 도시들은 도시계획상 많은 문제를 안고 있었다. 로마는 주민들에게 용수를 공급하기 위해 상수 관거管渠를 통해 아주 먼 지역에서부터 물을 끌어와야 했고, 2000년 뒤 현대 도시들이 골머리를 앓게 될 교통문제를 이때부터 고심하기 시작했다. 런던은 14세기까지 향료나 양념 같은 특정 물자를 먼 이국으로부터 수송해 와야 했으며 당시의 주요 땔감이던 석탄은 270마일(432km) 떨어진 타인Tyne 강변의 탄전炭田에서 실어와야 했다. 또 급수 문제도 17세기까지는 관거를 이용해서 35마일(56km)이나 떨어진 곳에서 물을 끌어와 해결했다. 이러한 문제들은 현대에서는 익숙하지만 당시로서는 꽤 낯설었다.

당시에도 도시의 문제를 해결하고 질서를 잡기 위한 일련의 규제가 있었다. 로마는 도시의 소음을 줄이기 위해 최초로 심야시간대에 마차 사용을 금지했으며, 14세기 런던에서는 심각한 대기오염으로 인해 석탄을 땐 사람을 교수형에 처하기도 했다(Hall, 1982: 20).

고대와 중세에는 기존의 지배층이나 새롭게 지배층으로 부상한 상인 집단이 사회적 지위를 과시하기 위해 자신들만의 공간 배치를 고안해 냈다. 그러한 공간 중에는 반복적이고 기하학적인 배치를 특징으로 하는 평면도를 고수하는 경우도 많았다. 이와 같은 형태의 중세 계획도시를 건축한 집단이 영국에 꽤 많았다. 그러한 예로는 13세기 말 에드워드 1세가 요새도시화한 석세스 해안가의 윈첼시Winchelsea, 북웨일스의 플린트Flint와 콘웨이Conway, 그리고 카나번Caernarvon을 꼽을 수 있다. 이들 요새도시는 프로방스 지방을 정복한 프랑스 왕들이 세운 바스티드Bastide[1] 성들의 모델이 되었다.

그러나 산업혁명 이전에 도시계획이 융성했던 시기는 17~18세기의 바로크 시대라 할 수 있다. 16세기 말부터 17세기 초까지 로마를 재건하기 위한 대규모 건축설계가 등장하면서 융성기의 서막이 올랐다. 이 시대의 도시계획은 절대 왕권 또는 교황의 막강한 권력을 과시하는 것이 주된 목적이었다. 그런 의미에서 파리의 튀일리Tuileries 정원과 엘리제 궁Palais Elysées은 그 구성이 두드러지며, 베르사유Versailles 궁전과 독일의 카를스루에Karlsruhe는 철저한 계획도시임을 보여준다. 프랑스 로렌Lorraine 지방의 17세기 낭시Nancy 구역도 그러한 예에 속한다.

또한 규모는 작아도 더욱 정교한 예들도 있다. 어떤 역사가는 당시의 계획도시를 지배 계층이 피지배 계층을 탄압하기 위한 수단으로 평가하기도 한다. 중세의 성곽을 대체한 넓은 도로는 만일의 폭동에 대비해 군

---

[1] 13세기와 14세기에 영국에 세워진 신도시로, 요새도시의 형태를 띤다. 이런 형태는 식민지 도시에도 적용되었는데, 형태는 기하학적이었고 배치는 도시계획을 따랐다.

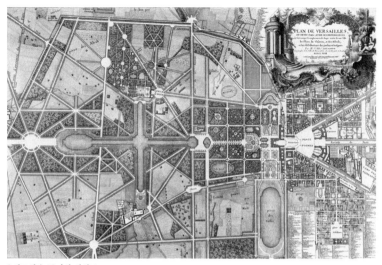

I 베르사유 궁전의 배치도
자료: https://www.flickr.com/search/?text=free%20images%20for%20versailles%20palace

대의 이동과 배치에 편리하도록 계획된 것이었기 때문이다. 크롬웰 Cromwell[2] 시대 이후 영국은 절대 군주를 갖지 못했다. 그러자 귀족들과 새로이 사회 지도층으로 부상한 상인계층이 도시의 성장을 지배하고 도시의 형태를 결정했다. 결과는 달랐으나 이 또한 특징적인 도시계획의 형태를 낳았다. 위풍당당한 테라스형 주택들이 열을 지어 건축되면서 공식적인 고급 주택가가 형성되었다. 또 광장은 정원을 갖춘 매력적인 모습으로 변화했는데 거기에 기하학적인 가로망이 갖춰져 강렬한 인상을 풍겼다. 런던의 웨스트엔드West End 구시가가 이러한 형태를 보여주

---

2   올리버 크롬웰(Oliver Cromewell, 1599~1658)은 영국의 정치가로, 추밀고문관을 비롯해 여러 요직을 지냈으며, 종교개혁 이후 왕의 미움을 사서 처형당했다.

는 가장 유명한 사례이다. 그러나 이후 세인트 제임스St James, 메이페어 Mayfair, 메릴본Marylebone, 블룸즈버리Bloomsbury 구역 등이 재건축되면서 현재는 옛 모습을 찾아볼 수 없다. 에든버러 뉴타운도 고급 주택가의 좋은 예이다. 한편 18세기 영국의 도시계획을 보여주는 최고의 도시로는 소규모의 중세도시에 불과했으나 당시 귀족들 사이에 유행한 온천 치료의 열풍으로 인해 성장한 배스Bath를 꼽을 수 있다.

이상의 사례는 각각의 지역이 가진 역사적 기회와 한계를 당시 사람들이 어떻게 조절했는지를 잘 보여준다.

(1) 자유방임주의에 대한 계획적 규제

18세기 말부터 19세기 초까지는 산업화를 통해 시장의 생산력이 증대되었기 때문에 이익집단들이 자유롭게 경쟁함으로써 질서 있는 도시를 만들 수 있다는 자유방임주의[3]가 득세했다. 시장의 힘에 따라 도시의 형태가 자연스럽게 형성되도록 해야 한다고 여겼고, 경쟁 관계의 이익집단이 도시 공간에 대한 입찰에 참여함으로써 도시가 질서를 갖출 수 있다고 생각했다. 시장을 통하면 생산 요소가 가장 효율적으로 분배되어 도시 전체의 소득을 극대화하도록 토지가 분배된다고 믿었다. 실제로 어떤 요소는 경쟁에서 실패하면 축출되었고 이것이 도시 전체를 위해 훨씬 좋은 일이라고 여겨졌다. 이러한 주장에 대해서는 물론 반대 의견도 있었는데, 다음과 같은 세 가지 이유에서였다.

----

3   개인의 경제활동의 자유를 최대한 보장하고 국가의 간섭을 최소화하는 것이 최고의
     효과를 가져온다는 사상 및 정책이다.

첫째, 민간시장을 통해서는 도시복지에 필수적인 시설을 확보하기가 매우 어렵기 때문이다. 이러한 시설 가운데 가장 중요한 것으로는 공공 도로와 급·배수시설을 꼽을 수 있다.

둘째, 시장에만 의존하면 다양한 기능을 물리적으로 적절하게 배치하지 못해 도시 내에 좁은 공간을 만들어내기 때문이다. 또 유해 산업이나 소음 공해 산업, 화재나 폭발 위험이 높은 산업이 시장을 통해 도시 내에 입지하게 된다. 이는 유해 산업 소유주의 이익은 증대시키겠지만 도시 사회에나 도시의 다른 생산적 기능에는 큰 해악을 끼칠 것이다. 이론적으로는 이와 같은 폐해조차 시장을 통해 조정할 수 있다지만, 성장하는 산업도시의 경험에 비추어볼 때 그러한 조절 과정은 건물에 대한 과중한 초기 투자를 필요로 하고 토지이용의 변화를 늦추기 때문에 오랜 시간과 비용이 소요된다.

셋째, 도시 시장에서 노동자는 주거를 확보하기 가장 어려운 계층이기 때문이다. 노동자의 불리한 조건은 주거용 건물의 공급을 어렵게 만들고, 그 결과 주거환경의 질을 저하시킴으로써 당사자들을 높은 질병 발생률과 사망률로 내몬다. 도시경제의 효율성이 아닌 물리적 복지나 정치적 안전, 그리고 평온한 도시환경을 희망하는 전문가 계층에게는 노동계층의 열악한 환경으로 초래되는 문제들이 사회의 안녕을 저해하는 요인으로 간주되었다.

18세기 중반경부터 자유 시장 논리에 따른 도시개발을 옹호하는 자들과 시장을 규제하는 공적 개입을 선호하는 자들 간에 논쟁이 벌어졌는데, 시간이 흐름에 따라 개입주의자들이 기선을 제압했다.

(2) 지자체의 규제

1840년대까지는 개선위원회를 통해 정부가 자유 시장에 개입했다. 19세기 중반부터는 수백 개에 달하는 위원회가 제각각의 방식으로 도시의 물리적 환경을 개선코자 했다. 더욱이 1835년 '지자체 개혁법Municipal Reform Act'⁴이 제정된 이후에는 개선위원회가 의회로부터 권한을 이양받았다. 영국에서는 1870년대 초부터 제1차 세계대전에 이르는 기간 동안 도시 환경의 책임이 온전히 지자체로 넘어갔다. 1900년대 초에는 시영 자치 운동municipal socialism을 통해 지방정부의 도시 내 활동 범위와 재량권이 더욱 확대되어 지방정부가 도시의 물리적 환경을 규제하거나 개선을 도모하게 되었다. 본격적으로 20세기에 접어들면서 정부의 개입방식은 적극적인 방식과 소극적인 방식으로 나뉘었는데, 두 가지 방식이 함께 발전했다.

도시 관리에 관한 모든 책임을 지자체가 지게 되면서 도시 건설 과정에 공공이 개입할 수 있는 근거가 되는 여러 가지 법규가 제정되었다. '지자체 개혁법'이 제정되었고, 신축 건물에 대한 최저 위생 기준을 규정한 '공중위생법', 수공업자와 노동자의 주거 수준을 보장하기 위해 주택의 최저 수준을 규정한 '토런스법Torren's Act'(1868), 비위생적인 지역에서의 건축 활동에 관한 '크로스법Cross's Act'(1875), 노동자 임대주거를 위해 넓은 지역의 개발이 필요한 경우 토지를 강제 매수할 수 있도록 한 '도시 노동자 주택법The Act of the Working Class Housing'(1885), 가로 확장과 건축선, 건물의 높이, 건물 주위의 공지를 규정한 '런던 건축법London Building

---

4   영국과 웨일스에서 부패 선거구를 추방해 지방정부를 개혁한 의회법.

Act'(1894) 등이 제정되었다. 1900년경에는 시 지자체가 제공하는 시설이 도로와 배수시설을 넘어 상수, 가스, 전기와 시민이 이용하는 도로에까지 확장되었다. 이상과 같이 당시 대부분의 도시는 18세기와 19세기의 건물에 대해 핵심 사안이던 방화에 대한 안전성뿐만 아니라 공중위생과 쾌적성의 최소 기준도 확보하기 위해 조례를 통해 주택 건설을 규제했다. 이는 주거 수준과 공중위생에 비중을 둔 초기 형태의 도시계획적 입법 조치였다. 그와 동시에 유해하거나 위험한 산업은 도시 내에서 규제되거나 제약을 받았다.

한편 18세기 빅토리아 시대의 도시들에 나타난 많은 문제점을 해결하기 위해 최초로 제시된 방안이 에버니저 하워드Ebenezer Howard의 '전원도시'라는 개념이었다. 하워드의 개념은 대도시의 슬럼화와 스모그, 폭등하는 지가로부터 벗어나서 도심에서 멀리 떨어진 넓은 전원에 자족적인 신도시를 건설해 인구와 일자리를 수용함으로써 당면한 도시 문제를 해결하는 것이었다(Hall, 1998: 8).[5]

1900년대 초 시영 자치 운동이 전성기를 구가하자 소극적이든 적극적이든 간에 도시건설 과정에 공공이 개입하는 것은 도시계획이라는 단일 전략으로 종합되어야 한다는 인식이 형성되기 시작했다. 그와 함께 도시 교외지에 대한 개발이 급속하게 진행됨에 따라 신개발지의 수준을

----

[5] 하워드의 관점을 추종한 도시 계획가로는 영국의 레이먼드 언윈(Raymond Unwin), 배리 파커(Barry Parker), 프레더릭 오스본(Frederic Osborn), 프랑스의 앙리 셀리에(Henri Sellier), 독일의 에른스트 마이(Ernst May), 마르틴 와그너(Martin Wagner), 미국의 헨리 스타인(Henri Stein), 헨리 라이트(Henry Wright)가 있다. 선형 도시(Linear City)론을 주창한 스페인의 소리아 이 마타(Soria Y Mata)나 브로드에이커 시티(Broadacre City)론을 주창한 미국의 프랭크 로이드 라이트(Frank Lloyd Wright)는 하워드와는 다른 노선을 추구했다.

향상시키는 것 또한 중요한 과제로 대두되었다.

2) 건축 자유에 대한 시대별 변화

(1) 중세 시대

토지와 건물에 관한 규정은 항상 토지 소유권과 밀접한 관계가 있다. 특히 중세 독일에서는 토지의 소유권이 토지를 자유롭게 지배할 수 있는 권리를 뜻하지 않았다. 독일의 도시에서는 영주, 성직자, 제후 등이 상급 소유권Öbereigentum을 보유하고 있었는데, 이들의 의무는 토지를 건물의 부지로 이용할 수 있는 권리인 하급 소유권Untereigentum을 상공업자들에게 부여하는 것이었다. 한편 이들 상공업자의 토지이용권은 상급 소유권으로부터 심하게 제약을 받았다.

중세의 건축규정에 따르면 하급 소유권자는 도시의 창설자인 상급 소유권자가 정하는 바에 따라 건축 행위를 할 수 있었다. 당시 건축 행위를 제한한 주된 목적은 각종 위험과 화재로부터 도시를 보호하는 것이었지만, 인접한 건물들과의 상호관계 및 시민 전체의 이익을 보호하기 위한 것이기도 했다. 따라서 당시의 규정은 기본적으로는 방화에 관한 규정이자, 공중에게 폐해를 입힐 가능성이 농후한 지역은 특정구역으로 한정하거나 시의 외곽에 입지해야 한다는 공해에 관한 규정이었다. 한편 인접한 대지의 채광을 확보하기 위한 규정이나 건물의 용도제한과 관련한 규정은 오늘날의 도시계획 관계법에 따른 건축규제의 선구적인 형태가 되었다. 그 후 도시에서는 시민 자치가 발전해 13세기 이후에는 자치도시가 수립되었다. 시의 운영을 담당하는 시 의회가 건축의 방향을 결정했으며, 감독위원회에 위촉된 건축가들이 건축규칙의 준수 여부와 시행 상황을 조사했다. 그 결과 15세기의 선진적인 도시에서는 건축규칙이 상세해졌고, 15세기 전후의 도시계획에서는 건축 관련 규정이 체계화되기 시작했다.

(2) 절대왕권 시대

절대왕권 시대에는 건축에 관한 규제 방식은 중세와 동일했으나 규제의 주체가 바뀌었다. 중세에는 성직자, 제후, 영주를 중심으로 규제가 이루어졌으나 절대왕권 시대에는 영주의 권한이 대폭 강화되어 영주의 권한 아래 도시의 건축이 장려되었다. 영주는 모든 자에게 복종을 강제했으므로 영지 내의 모든 건물은 영주의 뜻에 따라 좌지우지되었고, 영주의 의지는 곧 건축법이 되었다. 영주는 도시에 화재가 발생할 경우를 대비해 가로를 확장하고 건물 전면과 건물을 통일 및 미화하는 계획을 수립했으며, 이로써 자신의 명성과 권력을 과시하고자 했다. 그러나 재정상황이 계획을 뒷받침하지 못할 때면 영주는 부지와 건설자재를 무상으로 제공했으며, 건축물에 따라 보조금을 지급하거나 대부 또는 감세의 우대조치를 시행하기도 했다. 그러나 절대왕권 시대에 영주가 시민의 자유를 구속한 이 같은 행위는 훗날 프랑스 혁명의 한 원인으로 작용했다.

(3) 19세기

1849년 3월 프랑스 혁명의 영향으로 프랑크푸르트 의회에서는 토지 소유권의 불가침성과 소유권 양도의 자유를 규정했다. 자유로운 토지 소유권은 토지에 대한 건축적 이용의 자유를 포함해 토지 소유자에 의한 '건축의 자유Baufreiheit'를 보장했다. 19세기에는 자유주의적 법 이해에 따라 소유권의 보장을 확대하고 건축의 자유를 제한했는데, 이러한 제한으로 인해 화재나 재해 등 공중에 대한 위험을 방지하기 위한 소극적 규제만 존속되었다. 시가 완만하게 발전하던 시기에는 그와 같은 규제만으로 충분했으나, 19세기 후반 산업혁명과 프랑스 – 프로이센 전쟁[6] 이후 독일이 통일되면서 도시인구가 급증하자 시의 성벽 너머로까지 도시가 확장되었고 점차 이러한 규제만으로는 부족해졌다.

이처럼 근대도시가 수립되어 봉건적인 속박으로부터 벗어나 개인의 자유가 확립되자 토지의 절대 소유권이 인정되었으며, 건축 또한 자유로운 권리를 주장하게 되었다. 그러나 도시의 전체적인 맥락에서는 일개 구성 요소에 불과한 건축의 자유가 한계에 부딪혔다. 이 때문에 자유로운 건축에 대해 일정한 범위 내에서 다시금 제한을 가하게 되었다.

프랑스 혁명[7]은 토지 소유권이 지닌 의미를 근본적으로 변화시킨 사건이었다. 프랑스 혁명을 통해 농민은 신분상의 구속에서 해방되었으며 시민의 소유권에 개입하려는 국가권력은 저항을 받았다. 프랑스 헌법을 통해 획득한 '자유로운 소유권의 보장'은 1818년에는 독일의 바덴주와 바이에른주의 헌법에, 1819년에는 하이델베르크주의 헌법에, 1820년에는 독일 각 주의 헌법에 포함되었다. 상급 소유권자에 대한 하급 소유권

---

6   1870년 7월부터 1871년 5월에 걸쳐 프로이센을 중심으로 한 독일계 여러 나라와 프랑스 사이에 일어난 전쟁으로, 유럽 대륙에서 프랑스의 주도권에 종지부를 찍고 프로이센 주도로 독일제국이 성립되는 결과를 낳았다.

7   1789년 프랑스에서 부르봉 왕조를 무너뜨리고 국민의회를 열어 공화제도를 이룩한 시민혁명.

자의 의무는 폐지되었고 토지 보유자에게 자유로운 이용권이 주어졌다. 프러시아에서는 도시에 자치권이 주어졌으며 건축규칙도 도시가 정하도록 했다. 다른 주도 곧 이를 뒤따랐다. 그러나 주의 관할하에 있는 경찰은 방화나 재해를 막기 위한 소극적 규제 권한만 갖고 있었다.

어쨌거나 '각각의 토지 소유자는 자신의 소유지에 건축을 하거나 그 소유지를 변경할 권리를 소유한다'는 프러시아의 일반 토지법의 취지에 따라 토지 소유자들은 원칙적으로 어떠한 구속도 받지 않고 자유롭게 건축행위를 할 수 있게 되었다. 이처럼 자유주의 정치 이념이 도시계획 분야에 적용됨에 따라 '건축 자유'의 원칙이 성립되었다. 건축 행위에 대한 제어장치로는 위험을 막기 위한 최소한의 경찰적 규제만 예외적으로 허용하는 데 그쳤다. 도로 같은 공공을 위해 필요한 시설을 만들 때는 토지가 수용되었지만 공적으로 규정된 절차에 따라야 했으며 이에 대한 충분한 보상도 뒤따랐다.

(4) 건축 자유에 대한 제한

지금까지 살펴본 바와 같이 18세기에는 산업혁명과 자본주의에 의해 태동된 근대문명이 개인의 자유와 권리를 확립시켰고, 19세기 들어서는 특히 독일에서 '건축 자유'의 개념이 확립되면서 건축에 대해서도 자유로운 권리가 주장되기 시작했다. 그런데 토지 소유권에 대한 자유로운 행사는 개인의 행위를 증대시키고 창조력을 향상시켰으나 또 다른 형태의 문제도 낳았다. 토지는 필요할 때마다 새롭게 생산할 수 없는 데 반해 사람들의 생활에는 필수적이기 때문이었다. 또 자유방임주의적인 사회 풍조하에서 도시가 폭발적으로 팽창하자 도시의 물리적 환경이 극도로 악화되었다. 산업혁명과 더불어 노동력이 도시로 대량 유입되면서 저렴한 주택을 대량으로 건설해야 할 필요성이 대두되었고 토지 소유자는 건물을 가능한 한 최대한 높이 짓고자 했다. 그 결과 도시 내에 주거지라기보다는 수용 시설에 가까운 임대 아파트들이 건설되었고 도시는 과밀화되었다. 토지 소유자는 높은 임대 수익을 올릴 수 있었지만 그곳에 거주하는 노동자의 거주 상황은 악화되었다. 건축의 자유가 인정된 이상 개인과 공공 간의 이익을 조화시키면서 토지를 이용하기란 불가능했다. 이 문제를 해결하기 위해서는 건축에 제한을 가할 수밖에 없었다. 건축은 도시를 구성하는 하나의 개체였으므로 자유에 한계가 따라야 했다.

19세기 중반부터 공공의 이익을 위해 국가가 토지의 소유권을 제한해야 한다는 주장이 확산되었다. 특히 도시에서 모든 사람에게 적정한 주거를 보장하기 위해서는 토지이용에 관해 보다 포괄적이면서도 세밀한 계획이 필요하다는 주장이 받아들여졌다. 이에 따라 도시의 발전을 조절하고 통제하기 위한 새로운 계획적 수법이 등장했는데, 그것은 바로 훗날 필요할 도로 용지를 건축선법을 통해 사전에 확보하는 것이었다. 이러한 사례로는 독일의 바덴에서 1868년 시행된 '지구 가로법', 하이델베르크에서 1872년 시행된 '건축법', 프러시아에서 1875년 시행된 '프러시아 건축선법'을 들 수 있다.

3) 독일의 도시계획에 따른 건축규제 출현

(1) B-플랜

근대 도시계획 제도인 '프러시아 건축선법'이 1875년 시행되기 전까지 독일에서는 1808년 제정된 '도시법'에 의거해 경찰당국이 도로와 상·하수도 등의 시설계획을 수립했으며, 이 시설의 건설비용은 지자체가 부담했다. 이렇듯 도시의 확대를 수반하는 도시계획을 'B-플랜B-Plan'이라고 불렀고 그 내용은 경찰에 의해 결정되었다.

1830년대부터 1870년대 초까지 독일에서는 산업화의 초기 과정이 진행되었다. 1840년대부터 도시로 인구가 이동하기 시작해 1871년에는 독일 전체 인구 4100만 명 가운데 36.1%가 도시 지역에 거주하게 되었다(Sutcliff, 1981: 13). 증기기관의 등장과 함께 산업화가 시작되었으며 1840년대 이후에는 철도의 보급에 따라 도시에서 제조업이 차지하는 비중이 급증했다. 독일에서 초기 산업이 도시화되는 과정은 18세기 후반의 영국보다 빠르게 진행되었다. 기존의 대도시에서는 인구의 집중과 집적이 발생했는데, 특히 1861년 베를린에서는 약 5만 명이 지하실에 거주했으며, 방 하나에 10명 이상 머무는 사례도 800여 건이나 되었다. 인구 유입이 두드러지자 베를린에서는 이들을 수용하기 위해 신시가지를 개발해야 할 필요성이 대두되었다.

1862년 수립된 B-플랜의 주요 골자는 도로망 계획이었다. B-플랜에서는 먼저 가로 계획을 확정한 뒤, 건축 경찰권에 기초한 조례를 마련해 해당 가로 폭에 따른 건물의 높이를 정하도록 했다. 그러나 이 B-플랜에 따른 가로 건설비용은 베를린시에 막대한 재정적 부담을 안겨주었고, 1875년에는 직접 가로에 면하지 않고 좁다란 중정만 지닌 주거가 전체 주택의 37%를 차지했다. 이 때문에 건축조례[8]로 이를 규제하고자 했으

---

8   건축조례는 일정 수준의 가구 형태와 주택지 환경을 확보하기 위해 대도시에서 확립

I 베를린 교외에 건설된 병영 막사 형태의 임대 아파트
자료: 필자 제공

나 역부족이었다. 심지어 도로망 계획을 예상한 투기마저 발생했다. 또한 B-플랜에서는 지역에 따라 구분하지 않고 건물 높이를 차등 없이 동일하게 규제했기 때문에 도시 교외의 농촌 지역에도 주변 경관과는 어울리지 않게 병영 막사 형태인 4~5층짜리 임대 아파트Mietskaserne가 들어서기도 했다.

프러시아 제국의 수도 베를린은 1875년에 이미 인구 100만 명에 이르렀다(Sutcliff, 1981: 13). 산업의 성격상 대도시에 입지하는 것이 유리한 특정 산업이 대도시를 선호하자 토지와 주택의 임대비용이 상승했다.

───────

되었다. 건축조례 규정에는 신시가지를 개발할 때 신설 가로의 비용은 개발자가 부담하며 원칙적으로 가로 폭원은 36피트(10.97미터) 이상, 보행자용 가로의 폭원은 21피트(6.48미터) 이상으로 한다, 주택 각 호는 150제곱피트(13.93제곱미터) 이상의 전용 뒷마당 정원을 갖추며 오물조로의 진입을 설계한다는 등의 표준 규칙이 포함되어 있었다. 이처럼 높은 수준의 집단 규정이 확립됨에 따라 가구 형성의 문제는 부분적으로 해결되었다.

한편 도시의 확장에 대비하기 위한 B-플랜으로 인해 오히려 도시가 무질서하게 확장되는 결과가 빚어졌는데, 이 문제를 해결하기 위해 도로 계획 관련법이 최초로 등장했다.

(2) 프러시아 건축선법

프로이센이 1870년 프랑스 – 프로이센 전쟁에서 승리하면서 베를린이 독일제국의 수도가 되었다. 베를린의 인구 증가 속도는 매우 빨라서 도시 확장에 대응해 도로를 건설하는 것이 도시 건설의 주요 과제였다. 이에 따라 프러시아에서는 1875년 도시를 확장하기 위한 법인 '프러시아 건축선법'이 제정되었다. 이 법의 정식 명칭은 '도시 및 지방에서의 도로와 광장의 신설 및 변경에 관한 법률'이다. 이 법은 도시 확장계획을 수립하려는 자치단체의 권한을 강화해 확장계획의 수립을 자치단체의 의무로 규정했다. 이로써 지자체는 건축경찰에게 위험방지 의무를 부과하는 강력한 권한을 갖게 되었다.

이 법은 장래의 가로·광장 용지를 확보하는 것을 목적으로 하는 20개 조항의 법률로, 주요 내용은 다음과 같다.

① 건축선을 넘어서는 건축을 금지해 장래의 가로용지를 확보한다.
② 지자체가 건축선을 결정한다.
③ 특별한 경우 도로 경계선과 건축선을 별도로 결정해서 도로와 건축물 사이에 공간을 확보한다.
④ 일반인은 건축선을 열람하거나 의견서를 제출할 수 있다.
⑤ 시민의 토지 소유권을 침해할 경우에는 지자체가 보상한다.

⑥ 지자체의 조례에 따라 미완성 가로(배수나 조명 등을 포함)에 접한 건축은 보상하지 않고 금지할 수 있다.

⑦ 지자체의 조례에 따라 연도沿道에 건물을 세우고자 하는 자에게 가로를 건설하게 할 수 있다. 또한 연도 토지 소유자에게 시·군·구의 도로 건설비용 중 일부를 분담시킬 수 있다. 단, 분담금을 부담시킬 수 있는 도로의 폭은 최대 26m까지이다.

'프러시아 건축선법'은 근대적 도시계획 기술을 발달시켰다. '프러시아 건축선법'은 훗날의 '통일건축법'과 함께 독일의 도시 및 건축의 행정 방향을 결정짓는 중요한 근간법이 되었다. '프러시아 건축선법'이 도시계획에 기여한 공로는 다음 세 가지로 요약할 수 있다. 첫째, 도로계획의 결정권을 지자체에게 주었다는 점, 둘째, 도로계획이 결정되었지만 보상할 필요가 없는 경우를 명시했다는 점, 셋째, 도로의 건설비용을 연도의 토지 소유자에게도 부담시킬 수 있게 만들었다는 점이다(Sutcliff, 1981: 213).

이 법률에 기초한 도로계획의 법적 명칭은 '건축선 계획建築線計劃, Flchtlinien Plan'이지만, 종래의 명칭대로 B-플랜으로 불렸다. 이와 같이 '프러시아 건축선법'은 체계적인 도시 발전에 비중을 두기보다는 도로의 계획과 건설에 관한 지자체 부담을 경감시키는 것을 주요 목적으로 제정되었다. 그렇지만 이 법은 지자체의 재정 부담을 해결하는 한편, 도시의 발전에도 기여했다. 이로써 독일의 근내 도시계획 제도는 커다란 진전을 이루었다.

(3) 작센 건축법

프러시아에서는 가로와 건물에 대한 규제가 별도로 이루어졌는데, 지자체는 건물에 대해서만 규제 권한을 가지고 있었다. 하지만 주법州法을 통해 이 양자를 통합해서 규제한 사례도 있다. 대표적인 예가 1900년에 제정된 '작센 건축법'이다.[9] '작센 건축법'은 근대 독일의 초기 건축법이라 할 수 있으며, 근대 공업도시를 위한 도시계획을 시행하는 데 필요한 수법을 갖추고 있어 독일 근대 도시계획 제도의 이념 체계를 대표한다. '작센 건축법'의 내용은 다음과 같다.

교통, 주거, 상수도, 경관 등을 고려한 B-플랜은 계획도와 건축 특별법을 통해 규제되며(제17조), 가로·광장 이외의 공공 공간을 확보하는 수단이자 건축에 대한 폭넓은 규제도 담고 있었다. 미건축지를 개발할 때는 조례에 의해 의결되는 B-플랜이 실질적으로 필요했으며(제15조), 규제 내용에는 가로선이나 건축선 이외에 단독주택, 2호 연립, 연립주택 등의 건축 형식, 가로에 인접한 대지의 건축선 후퇴, 건물 높이, 건폐율, 공업용 시설의 허용 범위 등이 포함되었다(제16조). B-플랜을 입안할 때 고려할 사항으로는 주택의 수요, 가로, 광장의 경관 등이 있으며, 가로의 단계적 구성과 지역의 성격, 가로의 폭과 가로로부터의 거리에 따른 건물의 층수 제한, 중정과 후정의 확보 등도 B-플랜에 포함된다(제18조). 다른 한편으로는 건축 경찰 당국이 지자체를 넘어 광범위한 구역에 대한 '확장 지역 계획Ortserweiterungs Plan'을 수립할 수 있게 되었다(제38조). 또한 주요 간선도로의 배치처럼 기초 지자체의 범주를 넘는 규정도

---

9   '작센 건축법'은 1909년 영국의 '주택 및 도시계획법' 제정에도 영향을 미쳤다.

포함되어 있어서 개별적인 B-플랜을 결정하는 데 근간이 되는 중심적 계획의 성격을 띠기도 했다. 그 외에 비용 분담에 대해서도 상세하게 명시되었다. 가로망을 건설할 때 양측 건축의 경우에는 24m 도로 폭까지, 편측 건축의 경우에는 15m 도로 폭까지 용지와 축조비를 개발자에게 부담시켰다(제39조). 또한 지자체 의회나 토지 소유자 중 1/2 이상의 요구가 있을 때에는 토지구획 정리를 강제할 수 있었다(제54조~제66조).

도시계획상 세기적 전환점이 된 '작센 건축법'은 폭넓은 재량권을 인정하는 건축 규칙들과 연동된 B-플랜을 골간으로 하는 체계적인 제도이다. 이 법은 도시의 외연을 계획적으로 확장시키는 제도로 자리 잡았다. '작센 건축법'의 주된 관심사는 현재 개발 중이거나 가까운 장래에 개발될 교외 지구의 가구 형성 및 건축 형태를 B-플랜을 매개로 매우 세밀하게 규제하는 것이었다. 따라서 이 법에 의거해 단독 또는 2호 연립의 개방형 주택지를 보급할 수 있었다. '작센 건축법'은 세밀한 지구단위의 B-플랜과 함께 근대 도시계획 제도의 핵심 장치였다.

이로써 1단계로 도시 지역 전체를 대상으로 미래의 토지이용 계획 및 기간시설 배치 계획을 먼저 입안한 후 2단계로 건축 수요에 따른 상세 지구계획을 입안하는 방식의 도시계획 개념이 형성되었다. 이와 같은 2단계 계획체계는 개념에만 그친 것이 아니라 '작센 건축법'을 통해 제도로서 확고하게 자리 잡았다.[10] 이 법은 교외의 미건축지를 건축부지

---

10   작센의 '지역확장계획'은 B-플랜을 입안하는 데 필수직인 전세조건이 아니었고 이 계획에 토지이용에 관한 규범이 명시된 것도 아니었다. 큰 틀의 계획, 이른바 골격적 계획은 개별 지구계획 간의 정합성을 확보하기 위한 예비작업 성격이 강했다. 이 시기의 계획제도는 토지의 기능적 배치처럼 도시 전체를 아우르는 개념을 세우는 것이 아니라 가구 형성과 건물 배치 등 시가지를 구체적으로 계획하는 데 주안점을 두었다.

로 사용하는 것을 원칙으로 하는데, B-플랜에 따른 도로의 경계선이 확정되지 않은 상태이기 때문에 처음에는 B-플랜을 근간으로 하다가 이후에 필요한 건축의 형식과 건물의 높이, 건폐율, 공장의 제한 등 집단규정을 포함시켰다. '작센 건축법'은 당시 사용되던 B-플랜의 원형이지만 프러시아 건축선 계획에서는 B-플랜이 실시되지 않았고 당시에는 '작센 건축법'의 영향력도 미미했다.

종합하면, 이 시기 독일의 도시계획 제도는 개별적으로 추진되어 온 건축선제와 건축규제를 B-플랜으로 통일한 뒤 다시 B-플랜 간의 조정을 거쳐 도시 전체에서의 지구단위 계획과 도시 전체 단위 계획을 확립한 과도기였다고 할 수 있다.

이에 따라 프러시아에서는 1918년에 '주택법Wohnungsgesetz'이 제정되었는데, 그 내용은 다음과 같다. 첫째, 건축선법을 개정해서 녹지를 결정할 수 있게 하는 동시에 저층 주택의 건축을 용이하게 한다. 둘째, 지역에 따라 용도와 형태를 규제하는 근거를 제공한다. 셋째, 주택에 대해서는 각종 최저기준을 정할 수 있다.

이 중 둘째와 셋째는 지자체의 조례로 정할 수 있도록 했으며, 그 전형은 1919년 제정된 '통일건축법Einheitsbauordnung'에서 찾아볼 수 있다. 지금도 '통일건축법'의 규정은 주 단위의 최저기준이며, 경우에 따라서는 이 규정을 강화하는 것이 인정된다.

(4) 통일건축법

1875년 '프러시아 건축선법'이 시행된 이후 가로와 광장에 대해서는 건축선으로 대응했다. 하지만 이 규제는 건축선 내부의 건축물에 대해서는 소극적으로 대응했고 건축선 내부의 토지이용 또한 토지 소유자에게 맡겼다. 이 때문에 가로 내부에는 사회적인 배려나 미적인 고려가 부족한 건물들이 출현했다. 그 결과 도시의 주거 상황은 악화되었고, 지구별로 각기 다른 대책을 세울 필요성이 대두되었다.

한편 토지 소유권의 남용을 막기 위해 사적 소유권을 제한하는 토지개혁 운동이 일어났다. 토지개혁 운동의 목표는 토지 소유자에게 귀속되는 불로소득을 흡수해서 공공으로 환원하는 것이었다. 동시에 도시계획 분야에서도 공공의 이익이 중시되기 시작했다. 모든 거주자에게 녹지의 혜택이 주어지고 상·하수도가 완비되며 채광과 환기가 보장되는 건강한 주거지가 필요하다는 사실이 점차 인정되었다. 그 결과 1891년에는 프랑크푸르트에서, 1892년에는 베를린에서 이른바 지역제가 등장해 새로운 조례를 통해 주거지역과 공업지역을 구분하고 층수와 건폐율 등을 제한하기에 이르렀다.

베를린에서는 1892년 제정된 조례를 통해 시가지에서 건물을 건축할 경우에는 5층까지만 허용했고, 교외의 경우에는 위치와 상·하수도의 정비 상황에 따라 2~4층까지만 허용했다. 또한 건폐율에도 제한이 가해졌고 낮은 수준이지만 용도 규제도 시행되었다(독일의 용도지역제[11]는 이 제도에서 비롯되었다). 1892년 제정된 조례는 토지 투기업자들의 저항을 불렀다.[12] 그러나 베를린에서 시행된 이 지역제는 채광과 환기, 하

---

11 용도지역제(zoning)는 토지 이용과 건축물의 용도, 건폐율, 용적률, 높이 등을 제한하기 위해 구역을 책정하는 것으로, 19세기 말 독일에서 처음 도입되었다.

12 하지만 1894년에 프러시아 고등 행정재판소가 "현재의 건축 자유하에서는 경제적 측면을 더 중시하지 않으면 안 된다"라고 결정내림에 따라 규제가 후퇴했고 그 결과 주거 상황은 악화되었다.

수도의 유무 등 위생적인 면에 비중을 적게 두어 과밀화와 직주혼재 같은 문제를 해결하기에는 역부족이었다.

20세기에 등장한 전원도시 운동의 영향으로 독일 각지에서는 저밀도 단지가 건설되기 시작했다. 또한 독일 공작연맹[13]의 결성으로 1914년 쾰른시에서는 주택 전시회가 열려 쾌적한 주거환경에 대한 열망이 한층 고조되었다. 이러한 흐름을 배경으로 1919년 제정된 '주택법'은 건축규제상 획기적인 조항들을 담았다. 이 법에서는 지자체 조례를 통해 건전한 주거를 만드는 데 필요한 규제를 시행할 수 있게 허용했고, 건축물의 용도와 형태를 제한했다. 특히 도시를 주거지역, 혼합지역, 공업지역 등 각각의 용도지역으로 구분해 건축물을 규제하도록 한 점이 특기할 만하다.

'프러시아 주택법'에 따라 제정된 지자체의 건축조례 가운데 '통일건축법'은 모범사례로 꼽힌다. 이 법의 정식 명칭은 '프러시아의 도시 및 도시구역에 관한 건축규제 조례안'이다. 이 법에 따라 지자체는 건축규제 관련 조례들을 개정할 수 있게 되었을 뿐 아니라 특별한 사정이 있을 시에는 '통일건축법'보다 한층 강화된 규제를 가할 수도 있게 되었다.

한편 '통일건축법'은 단체 규정, 집단 규정 및 절차 규정을 포함한 광범위한 법이었다. '통일건축법'으로 인해 지하실을 주거로 이용하는 일이나 가로에 면하지 않는 건물의 건축이 금지되었고, 거실의 천정 높이와 채광 조건, 계단의 접속 등이 개선되었으며, 사람들의 안전과 건강이

13　1907년 독일의 미술, 건축, 공업, 수공예 분야의 전문가들이 협력해서 공업제품의 디자인 및 품질 향상을 목적으로 창설한 단체.

경제성보다 중요하게 다루어졌다. 1925년 베를린 조례가 개정되면서 집단 규정, 그중에서도 특히 용적률 규제가 이루어졌으며, 일부에서는 가로 내부의 건축물에 대해서도 제한이 가해졌다. 또한 도시 지역은 용도에 따라 주거지역, 혼합지역, 보호지역으로 구분되었다. 그 결과 공지空地가 이전보다 확대되었으며, 개방성이 뛰어난 주택들이 건축되었다. '주택법'은 '프러시아 건축선법'을 개정하고 구획정리 수법을 독일 전역으로 전파하며 건축규제를 강화하는 등 도시계획 수법이 크게 발전하는 계기가 되었다. 이 법으로 인해 대도시에서는 도로에 따른 건물의 높이와 계단, 건폐율, 필요 인동간격隣棟間隔 등을 규정할 수 있게 되었다.

(5) 연방 건축법과 주 건축법 제정

제2차 세계대전이 발발하기 이전까지는 B-플랜이라고 명명된 건축선 계획이 시행되었는데, 이 계획은 도로계획 중심이었으며, 건축은 도로계획과는 별도로 용도지역제(조닝zoning)에 의해 규제되었다. 제2차 세계대전 후 연방이 수립될 때까지는 각 주마다 임시로 '부흥건설법復興建設法, Aufbaugesetz'이 제정되었다. 이 법률에 기초한 지구계획에서는 도로계획 및 건축물의 용도·형태를 동일한 계획하에 규제했고 도면은 법적인 구속력을 갖고 있었다. 이는 작센주 등에서 이미 사용되었던 방식으로, 가로와 집단 규정을 별도의 보조 도면에 표시하는 방식보다 간단했으며, 가로와 집단 규정을 동시에 일체적으로 표시하는 우수한 방식이었다.

전후에는 건물의 배치방식도 변했다. 전전에는 그림의 A처럼 블록에 면해서 건축물이 일렬로 이어져 블록을 둘러싸는 배치가 일반적이었다. 그러나 전후에는 일조권 등이 중요하게 인식되면서 가로선을 개의치 않

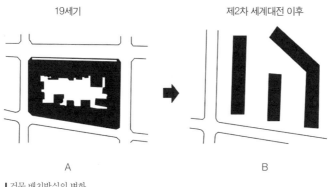

19세기   제2차 세계대전 이후

A   B

▌건물 배치방식의 변화

는 방식으로 건물이 배치되었다. 바이마르 시대의 선구적인 건축가 브루노 타우트Bruno Taut와 에른스트 마이Ernst May 등은 단지계획을 통해 가로 선과는 별개로 건물을 개방적으로 배치하는 방식이 채광, 통풍, 일조 면에서 우수하다는 것을 입증했다. 이와 같이 주거 환경을 중시한 건물의 배치 방식을 용도지역제로 달성하는 것은 불가능하기 때문에 계획을 중심으로 규제했으며, '연방건설법Bundesbaugesetz'에서는 이 방식을 B-플랜으로 채용했다. 결국 B-플랜은 당시까지 도로 중심이던 계획에서 도로와 건축물을 일체적으로 규제하는 지구계획으로 새롭게 태어났다.

그림의 B와 같은 배치를 유도하기에는 종래의 가로에 따른 규정이 불충분했기에 B-플랜이 정비되었는데, 그 배경에는 밀도가 낮고 녹지가 풍부한 주택지에 살고 싶다는 독일 국민의 바람이 깔려 있었다. 동시에 건물의 배치에 관한 발상이 전환되면서 이 새로운 방식이 이전 방식보다 우수한 것으로 인정받았다. 그러나 이렇게 우수한 B-플랜의 완성된 형태인 '연방건설법'을 제정하는 데에는 10여 년이 소요되었다. 이처럼 오랜 시간이 걸린 이유는 연방이 건축선법과 지자체 건축조례를 통합하는 법률을 제정하려 하자 일부 주가 단체 규정에 대한 입법권은 주의 관할에 속한다며 이의를 제기했기 때문이다.

이 같은 어려움 속에서도 1930년대에 독일연방은 '통일건축법'을 제정하기 위해 애썼지만 초안 단계의 법률 제정으로 만족해야 했다. 1936년에 제정된 '건축규제령Bauregelingsverordnung'은 도시의 평면적 확산을 규제하는 기초가 되었다. 그 결과 이 '연방건설법'은 집단 규정 및 이를 실현하는 방법만 정하도록 제정되었다. 단체 규정은 물론, 건축물의 정의와 층수, 건축허가 수속 등은 각 주의 건축법Landesbauordnung이 정하는 규정에 따랐다. 주의 건축법은 별개로 두고 연방과 각 주가 협력해 모범건축법Musterbauordnung을 만들었으며, 그 모범건축법에 따라 각 주의 건축법이 정해졌다. 일반적으로 각 주의 건축법은 개별 건물의 안전성과 건강성을 확보하는 데 주안점을 두었다.

그러나 주법에는 동간 간격, 아이들의 놀이 장소 확보 등 B-플랜에도 큰 영향을 미친 규정이 포함되어 있었다. '연방건설법'에 기초한 B-플랜은 주 건축법을 토대로 능률적이면서도 쾌적한 도시를 만드는 것이 목적이었다. 또한 건축허가에 관해 '연방건설법'과 주 건축법 및 이 건축법과 관련된 다른 법의 규정에 따라 일괄적으로 처리하도록 주 건축법에 규정했다.

지금까지 지역제로 대표되는 건축에 대한 일련의 도시계획적 규제를 살펴보았다. 이러한 종류의 규제는 환경이 열악해지는 현상을 방지하는 게 목적이었지만, 다른 한편으로는 도시 건축물의 왜곡을 초래했다. 구미의 옛 도시 중심부의 상업지나 주택지에 있는 건물은 모두 이러한 제약을 받으며 세워진 것이다. 오늘날에는 뛰어난 건축가가 설계한 건축물이 많지만 근대 이전에는 대부분의 건축물이 이처럼 일률적으로 제한된 구조에 따라 설계되었다.

2. 근대 이후의 도시계획

1) 산업혁명의 충격

산업혁명이 가장 먼저 일어난 영국의 사례를 보면 산업혁명 초기에는 산업화가 도시 성장에 가시적인 영향을 미치지 않았다. 1700~1780년 사이 영국에서는 섬유와 철강 제조업 분야에서 새로운 발명이 속속 등장하면서 산업화가 촉발되었는데, 이는 오히려 도시에서 농촌 지역으로 산업을 분산시키는 것처럼 보였다. 18세기 말과 19세기 초반까지도 영국의 랭커셔Lancashire와 더비셔Derbyshire의 남부 지역, 요크셔Yorkshire의 서부 지역인 라이딩Riding, 콜브룩데일Coalbrookdale, 그리고 블랙컨트리Black Country 지역은 철강 산업체와 근로자 구역이 마구 뒤섞인 전형적인 산업지역으로, 당시까지만 해도 여전히 농촌에 불과했던 곳에 제멋대로 자리 잡아 질서라고는 전혀 찾아볼 수 없는 자그마한 산업 촌락을 형성했다.

그러나 이와 같은 상황을 반전시킨 것은 석탄이었다. 1780년대 이후 모직물 산업에서 석탄을 이용한 화력이 수력을 대체하고 산업의 주원료로 부상하면서 탄광이나 석탄을 수송하기에 용이한 장소에 산업체가 집중되는 현상이 나타났다. 영국은 다른 어떤 나라보다 앞서 산업화를 겪었기 때문에 이처럼 특수한 조건으로 인해 산업체의 입지가 제약받는 현상도 최초로 경험했다. 또 초기에는 석탄의 효율성이 낮았기 때문에 기계가 많은 양의 석탄을 필요로 했고 철도는 아직 등장하지 않은 때여서 운하를 통해서만 석탄 수송이 가능했기 때문에 석탄의 수송비용이 매우 높았다. 1825년 스톡턴Stockton과 달링턴Darlington을 잇는 증기철도가 최초로 등장했고, 1830년대 이후부터는 산업의 입지가 이러한 조건으로부터 자유로워졌다(Hall, 1982: 22).

산업계에 불어 닥친 산업화는 도시에 새로운 현상을 가져왔다. 항구 도시도 석탄도시도 아닌 일부 도시는 산업적 정체를 겪었지만, 랭커셔, 요크셔, 더럼Durham, 스태퍼드셔Staffordshire 같은 탄광지역은 거의 아무것도 없는 자그마한 마을에서 불과 수년 만에 산업도시로 비약적인 성장을 이루었다. 또 항해가 가능한 수로에 인접해 있는 도시 또는 철도가 등장한 이후 철도의 교차점이 된 옛 중세도시는 새로운 공장 산업의 주요 중심지로 발전했다. 라이체스터Leicester, 노팅엄Nottingham, 브리스톨Bristol이 그러한 곳이다. 실제로 항구도시는 모든 산업체가 필요로 하는 원료와 제품의 교역에 지대한 영향을 미쳤기 때문에 산업화의 전 과정에서 순수 산업도시만큼이나 중요했다. 그런 이유로 리버풀Liverpool, 헐Hull, 글래스고Glasgow, 그리고 무엇보다 런던 같은 도시는 1780년대 이후 가장 빠르게 성장했다.

그중에서도 일부 도시의 성장세는 거의 극단적이었다. 20세기 선진국의 기준을 적용하더라도 이들 도시의 성장세는 파죽지세였다. 그중 가장 눈에 띄는 사례는 거의 아무것도 없는 상태에서 도약한 일부 새로운 산업도시였다. 예컨대 랭커서의 로크데일Rochdale은 1801년 1만 5000여 명이던 인구가 50년 뒤인 1851년에는 4만 4000여 명으로 거의 세 배 증가했고, 100년 뒤인 1901년에는 8만 3000여 명에 이르러 다섯 배 이상의 성장세를 기록했다. 더럼 카운티의 웨스트 하틀풀West Hartlepool은 1851년에 4000여 명이던 인구가 그로부터 50년 뒤인 1901년에는 6만 3000여 명을 기록해서 대략 1.5배 이상의 성장률을 보였다. 한편 이들 도시보다 성장률은 완만했지만 규모나 역사적인 측면에서 이 도시들과는 비교도 안 될 만큼 크고 오래된 옛 중심 도시도 크게 성장했다. 예를 들어 런던의 인구는 1801~1851년 약 100만 명에서 200만 명으로 배가 되었다. 그로부터 30년 뒤인 1881년에는 다시 두 배 성장해서 약 400만 명으로 껑충 뛰었다. 그 후 다시 250만 명이 더해져 1911년에는 650만 명에 달했다.

급성장하는 19세기 영국의 산업도시와 항구도시로 쏟아져 들어온 인구는 대부분 농촌 지역에서 이주해 왔다. 이들은 가난한 농촌 지역에서 더 이상 잃을 게 없어서 도시로 이주했던 것이다. 그들 중 대부분은 18세기에 중부지방과 남부 잉글랜드의 여러 지역에 대변혁을 가져온 인클로저 운동[14] 이후 농촌에서 일자리를 찾을 수 없는 사람들이었다. 그들 중 일부는 1845~1846년 발생한 감자 수확의 실패[15] 이후에 리버풀, 맨체스터Manchester, 글래스고로 대량 유입된 아일랜드인들로 대단히 궁

---

[14] 인클로저 운동(Enclosure Movement)은 목축업을 자본주의화하기 위해 경작지를 몰수한 것으로, 산업혁명 당시 영국에서 공용지에 남이 사용하지 못하게 말뚝을 박았던 것을 뜻한다. 인클로저 운동으로 인해 토지가 없어진 농민들은 도시로 밀려들었다.

[15] 아일랜드 감자 대기근.

핍했다. 그들은 새로운 산업에 필요한 신기술 또는 도시생활에 필요한 사회적·기술적 지식을 전혀 갖추고 있지 않았다. 한편 도시 산업은 비숙련 노동력에게 풍부한 경제적 기회는 제공했지만 거주지, 상수 공급, 하수 처리, 보건진료, 쓰레기 청소 같은 기본적인 시설은 제대로 갖추지 못한 실정이었다. 물밀듯 들어온 노동력이 도시생활에 필요한 기술적 준비를 전혀 갖추지 못했던 것처럼 자그마한 마을에서 도시로 급성장한 많은 도시도 인구 증가에 대비해 실질적인 준비를 갖추지 못한 상태였다. 심지어 이 도시들보다 규모가 월등히 큰 대도시조차 지극히 기본적인 시설만 갖추고 있었을 뿐, 인구의 대대적인 유입에 제압당한 형국이었다. 따라서 급성장 중인 산업도시나 옛 도시는 물론, 성장이 정체되거나 느린 도시, 또는 상대적으로 규모가 작은 소도시에서조차 공업화로 인해 상수로 이용되는 우물이 오염되는 끔찍한 결과가 나타났다.

또한 대중 교통체계가 없었기 때문에 새로 유입된 인구는 일터인 창고나 공장에서 도보거리인 곳에 거주해야 했다. 따라서 19세기 전반기에는 실질적인 인구밀도가 상승세를 띠었다. 런던과 맨체스터에서 실시된 인구조사는 그러한 경향을 뚜렷하게 보여준다. 상수의 공급은 제한적이어서 간헐적으로 이루어지거나 부족했고 그나마 점차 하수에 오염되어 갔다. 개인의 위생 상태도 매우 열악했다. 인구 증가로 에이커당 거주자 또는 방 하나당 거주자의 수가 증가해 점차 과밀화되었고 거주 여건도 악화되어 갔다. 맨체스터나 리버풀 같은 도시에서는 지하실에 거주하는 일이 비일비재했다. 의료혜택과 무엇보다 공중보건 위생이 전무하다시피 했다. 설상가상으로 교역을 통해 사람과 물자가 신속하게 왕래하게 되자 이전과는 비교도 되지 않을 만큼 빠른 속도로 유행병이

전 지역으로 전파되었다. 이 같은 상황에서 오염된 상수가 공급되는 바람에 1832년과 1848년, 그리고 1866년에 콜레라가 영국의 전 지역을 휩쓸었다.

1837년에 공중보건 업무 및 승인을 목적으로 일반등록청the General Register Office이 설립된 뒤에는 이 같은 상황이 공중보건에 끼친 결과가 분명하게 밝혀졌다. 일반등록청의 초대 청장인 윌리엄 파William Farr가 1841년 초에 발표한 바에 따르면, 잉글랜드와 웨일스의 기대수명은 41세이고 상대적으로 건강한 지역인 서리Surrey의 기대수명은 45세인 데 반해, 리버풀의 기대수명은 21세에 불과했다. 그로부터 2년 뒤, 맨체스터의 기대수명은 24세로 나타났다. 이와 같이 큰 편차를 보인 것은 북부에 위치한 산업도시에서 나타난 충격적인 영유아 사망률 때문이었다. 1840~1841년 리버풀에서 출생한 1000명의 영유아 중 259명이 출생한 지 1년 이내에 사망했다. 1870년대 초가 되자 이 수치는 219명으로 줄었으며, 1970년대에는 21명으로 뚝 떨어졌다. 이는 18세기 전반의 위생 상태가 얼마나 열악했는지를 잘 반증해 준다.

20세기가 될 때까지 전문 의료인들은 세균성 질병의 원인과 치료법, 나아가 콜레라의 원인 같은 중요한 위생학적 의문에 대한 답을 정확하게 구하지 못했다. 그런 와중에 윌리엄 파는 런던 빈민 지구에서 콜레라가 창궐한 것이 공동으로 사용하는 펌프식 우물과 관련 있다는 사실을 체계적으로 증명했다. 그러나 이러한 메커니즘을 대중이 이해하기까지는 오랜 시간이 걸렸다.

1835년에 '지자체 공사법地自體公社法, the Municipal Corporation Act'이 제정됨에 따라 구區, borough정부가 개혁되었다. 그렇다고 구정부가 공공 서비스나 위생 문제를 독자적으로 통제할 수 있게 된 것은 아니었다. 도시보건선별위원회the Select Committee on the Health of Towns와 대도시국가왕립위원회the Royal Commission on the State of Large Towns는 각기 보고서를 발표해 각 지방에 배수, 포장, 청소, 상수 공급을 규제할 독자적인 공중위생당국을 설립하도록 권고했다. 보고서는 신축 건물의 기준을 통제할 권한도 구정부에 주도록 제안했다. 19세기 중반경부터는 공중 보건법이 입법되었다. 1848년에는 '공중위생법the Public Health Act', 1855년에는 '공중 폐해 제거법the Nuisance Removal Acts', 1866년에는 '위생법the Sanitary Act'이 제정되면서 중앙보건국Central Board of Health과 보건지방위원회Local Boards of Health가 설립되었고, 이로써 한층 심각해진 공중위생 문제를 통제할 수 있게 되었다. 그런가 하면 1860년대부터는 건축물에 대한 기준이 제시되어 건축물 통제에 대한 관심이 고조되었다. 1868년 이후부터 '토런스법'에 따라 비위생적인 주거지의 소유자가 비용을 부담해 철거나 보수를 하게끔 지방 정부가 강제할 수 있게 되었다. 1875년 이후부터는 '크로스법'을 입법해 지방당국이 스스로 빈민 구역의 정비 계획안을 마련토록 했다. 이러한 일련의 법 가운데 제일 마지막으로 입법된 1848년 '공중위생법'은 영국과 웨일스에서 구정부를 제외한 지자체 정부가 오랫동안 골머리를 앓아온 문제를 근본적으로 개혁시켰다. 국토를 도시 위생지구와 농촌 위생지구로 나눈 뒤 1871년에 출범한 지방정부위원회Local Government Board의 감독을 받도록 한 것이다. 두 위생지구에 '위생'이라는 단어가 들어가면서 이전의 지방정부 체제에서 규정하던 범주보다 더 넓은 범위를 포괄하게 되었다. 그러나 이들 위생지구는 곧바로 종합적인 지방정부 개혁으로 통합되었다. 1882년 '지자체공사법the Municipal Corporation Act'과

1888년과 1894년 '지방정부법the Local Government Acts'이 각각 입법되면서, 구boroughs, 군counties, 그리고 군 지구county districts라는 새로운 지방정부 구조가 탄생했다. 이 체제는 1972년 법에 의해 영국 지방정부에 대한 중요한 개혁이 수행될 때까지 거의 변함없이 유지되었다.

이러한 지방 당국, 특히 모든 구정부는 1870년대 이후부터 신규 주택을 건설하기 위해 모델 조례model by-laws를 채택하기 시작했다. 잘 알려진 바와 같이, 모델 조례에 따른 주택은 영국의 어느 도시에서나 쉽게 볼 수 있다. 모델 조례의 초기 시기인 1830~1870년에는 조례주택이 빈민가 주위에 넓은 환형 형태로 형성되는 경향이 있었다. 그러나 지금은 대부분 1955~1970년 사이에 대대적으로 시행된 빈민 구역 정비 사업으로 철거되었다. 조례주택은 현지의 건축 자재를 써서 보통 테라스가 있는 균일한 형태를 일렬로 늘어서도록 지은 2층 연립주택이었다. 조례주택은 도로에 면한 건물 전면의 폭이 좁았기 때문에 채광과 환기를 조금밖에 확보하지 못했고 도로에 면한 폭은 각 호마다 균일했다. 조례주택 각 호는 뒷마당 정원에서 접근할 수 있는 외부 화장실을 갖추고 있었는데 이 화장실은 후면 도로와 나란히 배치되었다. 이러한 주택에서는 1870년대에도 용변을 수세식으로 처리하는 것이 불가능했다. 일반적으로 20세기 이전까지는 주택에 실내 화장실이 없었고 욕실이라 할 특정한 공간이 따로 마련되지도 않았다.

조례주택은 주택단지에서 도로 등 공공시설 용지를 제외한 순주택 면적당 인구수인 순밀도를 기준으로 책정되어 에이커당 약 50호가 세워졌다. 당시 가장 흔한 가족 형태인 가구당 3~5명의 자녀로 계산하다면 에이커당 250~350명(헥타르당 100명)이었다고 볼 수 있다. 한편 런던의 인구밀도는 에이커당 400명(헥타르당 160명) 이상이었는데, 이처럼 과밀한 상태는 제2차 세계대전 말기까지 지속되었다.

2) 산업혁명과 근대도시의 발달

19세기 초 유럽의 사회 상황을 살펴보면, 18세기 중반경 영국을 중심으로 진행된 산업혁명의 여파로 농촌의 인구가 산업도시로 유입해 밀집되어 있었으며, 노동자들은 열악한 도시환경 속에서 노동력을 착취당한 채 살아가고 있었다. 산업혁명으로 인한 각종 기계의 발명과 기술의 혁신으로 생산력이 전례 없이 발전했고, 면직물 산업을 위시한 각종 산업의 발전은 사회의 구조와 국가의 모습을 변모시켰다. 1769년에는 증기기관의 발명으로 원료의 수입과 제품의 운반에 필수적인 철도가 부설되고 증기선도 운항되었다.

증기기관의 사용에 따른 동력의 혁명은 기존의 도시 규모와 형태를 근본적으로 변혁시키는 중요한 원인으로 작용했다. 특히 1825년에는 처음으로 대중이 철도를 이용할 수 있게 되었다. 철도는 농경지 중심의 봉건사회를 통합했으며, 자본주의 경제의 동맥으로 도시의 규모를 확장시켜 주변 지역을 통합했다. 영국에서는 공장이 집중적으로 들어선 공업도시가 새로 생겨났고 기존의 도시는 새로운 생산시설을 유치하기 위해 주변 지역으로 팽창했다. 그 결과 도시는 광대한 농경지를 배후로 하는 전통적인 농촌마을을 잠식해 들어갔다.

당시의 사회를 구조적으로 변화시킨 또 다른 원인은 인구 증가였다. 의료기술의 발달로 신생아와 노인 사망률이 크게 감소하면서 인구가 증가했고 이는 동시에 인구구조를 변화시켰다. 인구가 증가함에 따라 노동력 수요가 많은 도시로 인구가 집중되었는데, 이러한 현상은 노동자 계급 착취, 근로조건 악화 같은 산업 자체의 문제 외에 도시민의 주거환경 및 위생 악화 같은 도시 문제도 심화시켰다. 결국 도시로의 인구집중은 도시민이 사용할 수 있는 공간이 부족하다는 근본적인 문제를 야기했고, 이 때문에 도시 내에서는 집단 거주, 교외지 활용 같은 대안이 제시되면서 주거를 위한 건축 형식과 도시 구조가 대대적으로 변화되었다.

산업혁명 이후 도시가 변화하고 도시 문제가 발생하자 19세기 초반 사회 사상가들은 유토피아적인 계획안을 제시했다. 대표적인 사회 사상가로는 로버트 오언Robert Owen, 샤를 푸리에Charles Fourier, 앙리 드 생시몽 Henri de Saint-Simon 등을 들 수 있다. 특히 오언과 푸리에는 산업 발전에 따른 사회의 부정적인 변화에 관심을 가졌으며, 열악한 도시환경에서 생활하는 노동자의 공동생활을 위한 이상적인 공동체 계획안을 구상했다.

산업화 과정은 근대도시를 낳은 원인이라 할 수 있다. 마을의 중심에 자리 잡은 대규모 공장과 그 주위를 둘러싼 처참한 형태의 노동자 주택, 오염된 대기와 하천, 그리고 토지 문제는 18세기 말부터 19세기에 걸쳐 특히 심각했다. 도시의 위생 상태는 매우 열악했고 전염병이 돌면서 많은 사람이 목숨을 잃었다. 19세기에 들어서자 영국을 중심으로 이처럼 처참한 도시의 상황을 해결하기 위한 방안이 두 갈래로 모색되기 시작했다. 하나는 법적 규제를 통해 시민의 건강을 확보하는 것이었다. 영국 의회는 채드윅위원회Chadwick Committee를 구성해 1848년 '공중위생법'을 입법했다. 이 법에서는 시민건강을 확보하는 것과 관련된 사항, 이를테면 건강한 도시환경의 형성에 필수적인 건축물과 도시시설에 대한 기준

등을 규정했다. '공중위생법'을 계기로 법적 규제에 따라 시가지 환경 정비를 유도하는 방식이 각국에 전파되었으며, 이로써 근대 도시계획법 제도가 성립되었다. 다른 하나는 건강한 주거환경을 직접 실현하려는 움직임으로, 인도주의적이고 경영적인 관점에서 각지에 모델 공업도시가 건설되었다. 오언이 만든 뉴 라나크New Lanark, 윌리엄 레버William Lever의 포트 선라이트Port Sunlight, 조지 캐드버리George Cadbury의 본빌Bourn Ville 등이 이러한 모델도시에 속한다. 모델도시는 당시 개선이 시급했던 공업도시의 수에 비해 극소수였으며, 이념적 측면에서도 영향력이 미미했다(新建築學大系, 1981).

이러한 과정을 거치는 동안 도시 노동자의 평균 소득이 상승하고 의료수준이 개선되었으며, 조례주택 덕분에 주거 수준 역시 향상되었다. 그러나 자선 사업가들이 제시한 공업도시의 모형은 특정 기업 내부의 문제를 해결하는 데에만 노력을 기울였기 때문에 사회 전체를 개혁하기에는 한계를 지니고 있었다. 그에 반해 에버니저 하워드는 1898년에 출간한 책『내일: 진정한 개혁에 이르는 평화로운 길Tomorrow: A Peaceful Path to Real Reform』(이 책은 4년 뒤『내일의 전원도시Garden Cities of Tomorrow』로 제목을 바꿔 재출간되었다)에서 일반적으로 널리 적용할 수 있는 원리를 제시해 대단히 큰 반향을 불러왔다.

3) 도시 확산 현상

1870년 이후는 영국의 도시 발전에서 중요한 변화가 나타난 시기이다. 1861년에 실시된 인구조사 이후 도시의 변화 양상은 런던에서 매우

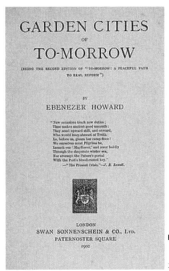

❚ 에버니저 하워드가 1902년 발간한
『내일의 전원도시』 표지
자료: 필자 제공

두드러졌다. 초기에 주목한 바와 같이, 당시까지 인구밀도는 도시의 중
심부로부터 약 3마일(4.8km)까지, 다시 말해 보통 사람이 한 시간가량
걸어서 직장에 출근할 수 있는 거리를 반경으로 해서 증가하는 경향이
있었다. 그리고 많은 사람에게 주요하고도 거의 유일한 일자리였던 면
직공장은 도시 전역에 균등하게 흩어져 있었기 때문에 주거지에서 공장
까지 도보로 출근하는 것이 용이했다. 당시 유럽 최대의 도시였던 런던
조차 1801~1851년 사이에 인구가 약 100만 명에서 200만 명으로 두 배
증가했으나 주거지 면적은 거의 늘어나지 않았다.

그러나 1870~1914년 사이에 영국의 모든 도시는 처음에는 말이 끄
는 전차와 버스의 형태로, 20세기 전환기에는 전차의 형태로, 그리고 마
지막에는 버스의 형태로 신속하고 저렴한 대중교통 체계를 구축했다.

초기에는 철로를 이용해 도심과 교외지를 연결하는 교통의 가능성이 런던에서도 무시되었다. 그러나 1860년 이후에는 대다수의 사람이 그 가능성에 주목하기 시작했다. 그리하여 의회는 노동자가 거주할 수 있게끔 런던의 북동부 지역을 관통하는 그레이트 이스턴Great Eastern이 에드몬턴Edmonton이나 레이턴스톤Leytonstone 같은 교외지에 저렴한 비용에 기차를 운행하도록 강제했다. 심지어 런던은 1863년 세계 최초로 증기 기관으로 운영되는 지하철로까지 갖추었다. 첫 전기 철로는 1890년에 개통되었고, 첫 전기 교외선은 1905~1909년에 개통되었다.

도시의 성장이 가져온 충격은 대단했다. 인구 100만 명이 살던 1801년의 런던은 이미 도심 2마일(3.2km) 반경 이내에 대부분의 시설이 들어선 조밀한 도시였다. 그러다가 1851년까지 50년 만에 인구가 두 배 증가했는데, 도심 지역의 밀도는 더 높아졌으나 3마일(4.8km) 반경 밖에서는 그 이상 밀도가 증가하지 않았다. 당시 런던은 전 방향으로 비대해졌는데, 특히 남쪽과 북동쪽으로 확산되기 시작했다. 그 결과 런던은 초기 대중교통의 도시라고 불릴 만큼 일찍이 대중교통이 발달하게 되었다. 증기 기차는 도심지에서 15마일(24km) 떨어진 곳에 거주하는 중산층 통근자는 물론, 런던 동쪽에 거주하는 노동자 계층에게도 매우 쉽고 빠르게 도심으로 접근할 수 있게 해주었다. 그러나 이 같은 발전이 매우 더디게 진행되자 목걸이의 구슬처럼 기차역 주변의 토지들이 잇달아 개발되기 시작했다.

그러다가 양차 대전 사이에 교외지의 성장 및 도시 분산화가 속도를 내기 시작했다. 이 시기에 일어난 교외지 운동은 경제적 힘과 사회적 힘, 그리고 기술적 힘이 각기 어우러져 이러한 성장의 배경으로 작용했

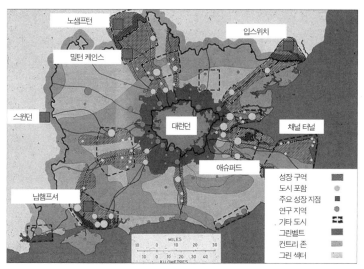

성장 구역	
도시 포함	
주요 성장 지점	
연구 지역	
기타 도시	
그린벨트	
컨트리 존	
그린 섹터	

노샘프턴

입스위치

밀턴 케인스

스윈던

대런던

채널 터널

애슈퍼드

남햄프셔

MILES

KILOMETRES

▮ 1930년대 런던의 도시 형태

다. 이 외에 바깥 세계의 경제적 힘도 보태져 건축 인력과 건축 자재가 저렴하게 공급되었고, 경제적 개발은 다시 사회적 변화를 야기했다.

신용대출을 위해 매월 꼬박꼬박 월급을 받는 것을 선호하는 근로자가 갈수록 늘어났고, 그들은 자신을 중산층으로 간주했으며, 사무실이나 상점, 또는 다른 서비스 형태의 직장에서 사무직 노동자가 되어갔다. 주택 담보 대출을 통해 자신의 주택을 구입하기를 열망하는 사람도 더욱 많아졌다. 그러나 교외지가 성장할 수 있었던 보다 근본적인 원인은 교통기술의 획기적인 발전으로 통근의 범위가 효과적으로 확장되었기 때문이다. 전기 기차나 버스 덕분에 도시 지역이 이전보다 4~5배 확장되는 효과가 발생한 것이다. 이런 현상은 런던에서 특히 두드러져 1914년에 런던의 인구는 약 650만 명에 달했으며, 1939년에는 850만여 명을 기록했다. 그럼에도 이 시기에 수도의 시가화 구역은 3배가량 확장되는 데 그쳤다. 1914년 이전의 지하철로는 기존의 개발 지역을 넘어서는 지역까지 도심이 확장되지 못했다. 그러나 1918년 이후부터 미개발 지역으로 남아 있던 곳에 지상철로가 빠르게 확장되기 시작하면서 미개발지 개발에 박차가 가해졌다.

앞에서 살펴본 바와 같이 1914년에 런던은 증기 엔진과 말이 끄는 버스가 대중교통 수단으로 등장해 초기 대중교통 도시로서의 특징을 극명하게 보여주고 있었다. 그러나 1939년에 들어서면서 런던은 완전히 다른 형태의 도시가 되었다. 도시 중심부에서 12~15마일(19~24km) 반경까지 발달한 원형 형태의 도시로 성장했으며 어느 방향으로나 성장이 동일하게 이루어졌다. 이는 근본적으로 다음과 같이 교통기술이 발전했기 때문에 가능했다. 첫째, 전기 기차는 증기 기차보다 더욱 효율적인 운송 수단이었다. 전기 기차는 가속과 저속을 넘나드는 신속한 변속이 가능했고 그 결과 기차역 사이를 더욱 자주 오갈 수 있었다. 둘째, 전기 기차보다 더욱 중요한 교통수단인 버스는 운영자가 막대한 자본을 투자할 필요 없이 기존의 도로를 따라 기차역에서 사방팔방으로 신속하게 운행할 수 있어 매우 빠른 도시교통 서비스를 제공했다. 그러므로 버스는 매우 효율적으로 서비스를 지원할 수 있었다. 이러한 변화는 도시 지역 내에서 접근성의 형태를 변화시켰다. 1914년에는 등시간선等時間線[16]이 매우 비정형적인 형태를 띠었다. 그러다가 1939년에는 보다 균등한 형태가 바뀌었다가 마침내 동심원의 형태를 띠게 되었다. 이후 도시 지

---

16   같은 시간에 도달할 수 있는 지점을 연결한 지도상의 선.

역의 개발이 뒤따랐다. 이와 같은 형태는 훗날 이른바 후기 대중교통 도시의 전형이 되었다. 1939년에 런던에서는 10가구 중 1가구가 자가용을 보유했지만 개인 자가용의 시대에 들어선 것은 아니었다.

이와 똑같은 현상이 광역 도시 주위에서도 일어났다. 단지 규모가 작다는 점만 다를 뿐 이 지역들에서는 기차보다 전차나 버스에 의존했다. 맨체스터, 리버풀, 리즈 같은 일부 대도시에서는 지방당국이 이 과정에 발 벗고 나섰다. 이들 지방정부는 일반적으로 대도시인 경우 도시 중심부에서 4~7마일 떨어진 거리에 신규 단독주택 단지를 개발해서 수천 명의 빈민촌 거주자나 공공주택이 필요한 사람을 이주시켰으며, 빠르고 저렴한 대중교통을 자주 운행해 이 단지들과 도심지를 연결시켰다. 이들 주택은 민간주택처럼 저렴하게 건축되었으나 한편으로는 대부분의 민간주택과 달리 1919년의 '주택법'에 따라 중앙정부로부터 재정지원을 받았다. 그러나 이 단독주택이 결코 대중주택의 기준이 될 수는 없었다. 욕실이라 할 수 있는 별도의 시설과 집 주위로 넓은 개별 정원까지 갖추고 있었기 때문이다. 이 단독주택은 1918년, 즉 제1차 세계대전이 종료되던 해에 발간된 영향력 있는 공식 보고서인 「튜더 - 월터 주택 보고서 Tudor-Walter Housing Report」의 권고를 충실하게 이행해 지어졌다. 이 보고서는 순 주거 면적을 에이커당 12호로, 또는 오래된 조례주택 밀도의 1/4가량으로 설정해 단독주택의 개발을 추천했다.

이 보고서에서 제시한 밀도는 런던과 다른 대도시의 주변 지역에서 개발된 많은 민간주택의 밀도이기도 했다. 많은 민간단지는 이보다 더 낮은 밀도로 건축되었다. 즉, 에이커당 10호, 또는 8호, 나아가 6호(헥타르당 2~4호)의 수준이었다. 이렇듯 일반적으로 더욱 널찍한 주택을 기준

▎ 19세기 산업도시에서 등장한 테라스형 주택
자료: https://www.flickr.com/search/?text=terrrace%20house%20england

으로 삼게 된 것은 19세기 산업도시에서 나타난 과밀한 테라스형 주택에 대한 건강상의 반응 때문이었다. 버스와 전기 기차 덕분에 공공 임대주택에 거주하게 된 숙련 노동자들과 주택 담보 대출로 반†독립주택을 구매하게 된 사무직 근로자들은 거주지의 속박에서 벗어났다. 또 교통수단의 발달로 매우 많은 토지가 개발 가능한 잠재적인 개발지역으로 편입됨에 따라 토지가격이 낮아졌다. 일반적으로 1930년대에는 영국의 사무원이나 숙련공이 그로부터 50년 후 더욱 풍요로워진 사회에서보다 주택을 구입하기가 쉬웠다.

4) 산업혁명 이후의 도시계획

19세기 말에 이르자 자치행정 차원에서 시는 각각의 조례가 아니라 종합적인 하나의 전략을 통해 도시개발에 개입하는 방식으로 바뀌었다. 산업화 시기에는 주원료인 석탄을 확보하기 쉬운 탄광촌에 산업이 집중했으며, 이는 도시의 성장에 급격한 변화를 가져왔다(Hall, 1982: 22). 단기간에 몰아친 변화는 많은 문제를 낳았고 이를 해결하기 위해 마침내 도시계획이 등장했다.

도시 문제의 기저에는 도시의 생활과 떼려야 뗄 수 없는 경쟁이라는 요인이 자리 잡고 있었다. 도시의 물리적 개발은 상업, 산업, 교통, 행정, 노동 등 매우 다양한 분야의 다양한 이익 집단 간 갈등이 빚은 산물이다. 이익집단은 도시 내에서 안전하게 자신들의 장소를 점유함으로써 유리한 지위를 확보하기 위해 경쟁을 벌인다. 이러한 경쟁의 과정에서 전체적으로 도시는 성장하거나 쇠락한다. 또한 도시 내부의 물리적 구조를 조절하는 과정은 새로운 갈등을 발생시키고 낡은 것은 제거하면서 경쟁하는 이익집단 간의 관계를 변형시킨다.

산업화는 도시의 상대적 이점을 부각시켰다. 영국에서는 도시 내에서 유통되는 이른바 도시 자본이 19세기 후반부터 증가하기 시작했으며 농촌 인구는 보다 좋은 일자리를 얻기 위해 농촌을 떠나 도시로 몰려들었다. 1700년에 영국에서는 네 명 중 한 명이 도시에 거주했지만, 1900년경에는 다섯 명 중 네 명이 도시 거주자였다. 도시 공간에 대한 수요는 산업화 이전보다 더욱 증대해 이익집단 간의 갈등이 첨예하게 대립했다. 농촌에서 도시로 인구가 이동하는 이유는 도시에서는 생산 활동에 종사하며 보다 쉽게 돈을 벌 수 있기 때문이었다. 게다가 도시에서는 다양한 오락을 즐길 수도 있었다. 사실 도시는 항상 이러한 이점을 갖고 있었다. 그러나 산업화 이전까지 도시에 거주하는 사람의 수는 전체 인구의 일부에 불과했다. 당시 도시의 역할이 이같이 제한된 이유는 제조업과 농업의 생산성이 낮았기 때문이다. 그러므로 도시의 규모는 식량을 구입할 수 있는 도시의 능력과 식량을 공급할 수 있는 농촌의 능력에 의해 결정되었다.

19세기 선진국에서는 산업혁명의 진전으로 공업도시가 대도시로 성장했으며 대규모의 공장도 속속 등장했다. 그 결과 직장과 주거를 분리한 근대도시가 나타났다. 이러한 대도시에서는 이전의 산업도시에서는 찾아볼 수 없던 공장지대나 빈민구역, 그리고 교외 주택지 등이 출현했고, 시가지를 중심으로 도시 문제와 사회문제가 등장했다. 그러나 이전의 산업도시에서는 지자체가 개입할 수 없었기 때문에 시가지는 무질서하게 형성될 수밖에 없었다. 근대 도시계획의 출현은 이러한 시장의 실패를 바로잡기 위한 대안의 성격이 강했다. 당시 도시계획에서는 위생적인 환경을 만들기 위해 도로의 폭, 건축물의 높이와 구조 등에 대한 규제 한도를 정했으며, 공공주택 공급, 토지 수용을 목적으로 도시 내의 토지를 개발하고 이용하기 위해 공공 당국의 개입을 허용했다.

지자체가 개입한 방식은 적극적 개입과 소극적 개입으로 나눌 수 있다. 적극적으로는 계획당국이 도로나 상·하수도 같은 공공시설을 공급하기 위한 개발 프로그램을 준비했으며, 소극적으로는 용도지역제, 밀도 제한, 공지 보존, 도로용지 확보 같은 규제를 통해 민간의 토지 개발과 이용에 제약을 가했다. 두 가지 개입 방식은 모두 도시 지역의 현재 여건과 미래 전망, 그리고 환경과 쾌적성 등의 기준에 의거해서 경제적·사회적 공간 단위로서의 지역을 효과적으로 운용하기 위해 이루어졌다. 이 두 가지 방식은 도시계획이라는 단일 계획 프로그램하에 하나로 통합되었다.

도시계획은 공공 자금을 지출하고 개인의 자유를 제한할 것을 요구한다. 19세기에 들어서자 입법 당국은 개발의 자유를 제한하는 행위에 대해 법적 정당성을 부여해 주었다. 도시의 건설 과정이 민간 시장의 논리에만 맡겨진다면 사회적으로 반드시 필요한 시설은 공급이 부족해 공공에 피해를 주게 되고, 이는 공동체의 이익뿐 아니라 결국 개별 소유자의 이익까지 저해하게 된다. 공공 당국의 개입이 입법 당국에 의해 정당화될 수 있었던 것은 공공의 복지를 위해 개인의 재산권을 규제할 필요가 있다는 인식이 사회적으로 확산되어 있었기 때문이다. 따라서 도시계획[17]은 19세기 말에서 20세기 초에 이루어진 사회 발전의 산물이라 할 수 있다.

3. 영국의 근대 도시계획 제도 수립 과정

1) '주택 및 도시계획법' 제정의 배경

영국의 도시계획 제도는 도시의 순조로운 확대 및 교외화의 산물이었다. 철도의 전력화와 운임할인 제도, 1890년대의 호황에 힘입어 급격

---

[17] 도시계획(Town Planning)이라는 표현은 버밍엄시 의장 존 네틀포드(John Nettleford)에 의해 1905년 말에 사용되었다. 계획에 입각해 모든 건축 및 개발을 통제하는 것이 오늘날에는 당연하게 여겨지지만 이러한 통제는 1947년 '도시 및 농촌계획법(Town and Country Planning Act)'이 제정된 이후에 가능해졌다.

하게 진행된 교외화는 노동자층에까지 영향을 미쳤고, 건축조례에 따라 당시의 최저 주거기준을 확보한 조례주택이 도시 주변에 대량으로 건설되었다. 비록 획일적이고 단조로운 형태였지만 이 신시가지가 도심과 교외를 연결했다. 이후에 간선 도로망이 건설되기 시작하면서 노동자의 교외화가 촉진되어 기존의 시가지 과밀 현상은 완화되었다. 복잡다단한 주택문제를 해결하려던 이른바 도시 개량가들의 구상이 일부 실현되었던 것이다.

도시환경을 조성하는 종합적 프로그램인 도시계획에 대한 개념이 완전히 잡히기도 전인 20세기 초에 영국에서는 이른바 이 도시 개량가들을 통해 도시계획적인 아이디어들이 출현했다. 그중에서도 하워드는 완전히 새로운 주거 체계인 '전원도시'라는 아이디어를 내놓았다. 또 자선 사업가인 레버와 캐드버리는 포트 선라이트와 본빌을 통해 이상적인 모델 공업도시를 제시했다. 독일이 기존의 도시를 확장시키는 쪽으로 나아갔다면 영국에서는 교외단지를 계획적으로 개발해서 도시의 확산을 교외지의 확장으로 대처하자는 아이디어를 내놓았다.[18] 그런가 하면 국토 및 지역계획 체계의 한 부분으로 도시를 계획하자는 아이디어도 나왔다. 대도시의 인구를 계획된 교통체계를 통해 분산시키자는 것이었다. 이처럼 도시 문제에 대한 접근방식은 여러 가지였지만 지방 거주지역의 형태와 자연 경관의 보존에 대해서는 모두 의견이 합치했다.

19세기 초에 등장하기 시작한 대도시 교외의 고급 주거지를 통해 전

---

18 영국의 전원도시는 완전히 새로운 도시 정주체계였던 데 반해 독일은 기존 도시를 계획적으로 확장했다.

MR. BAILLIE SCOTT has designed a number of
characteristic houses for the Hampstead Garden Suburb
Development Company. Views of interiors of some of these
houses and of a courtyard entrance will be found on the
following pages. The building materials are simple and
substantial, oak beams within, purple brick, red tiles, and
cool grey rough-cast outside. Above and on next page are
drawings of houses in Meadway; below are plans.

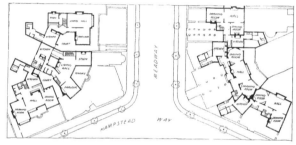

❙ 햄스테드 지역에 세워진 교외지의 배치도
자료: 필자 제공

원교외 주택지의 이미지가 확립되었다. 이에 따라 풍부한 녹지와 지형
을 갖춘 곳에 단독주택이나 2호 연립주택의 주택단지들이 보급되었고,
거주 대상도 상류층에서 서민층으로 확대되었다. 이러한 형태의 주택지
는 포트 선라이트, 본빌, 솔테어Saltaire 같은 공장촌에 광범위하게 보급되
어 1880년대 말부터 시영 단지 개발과 주택조합운동Tenant Co-Partnership의
전폭적인 지지로 채택되었다. 최종적으로 레이먼드 언윈Raymond Unwin 등

이 뉴 어스윅New Earswick, 레치워스Letchworth, 햄스테드Hampstead 등지에서 세련된 디자인을 확립하면서 도시 형성 과정이 순조롭게 진행되었다. 도시개량 사업은 시영 주택 건설과 도시 내 빈민구역 정비, 그리고 각종 특별 입법을 통해 진행되었다. 그러나 이때까지도 도시계획 제도는 도입되지 않았으며, 정부가 주도하는 도시 및 농촌 계획은 공중위생과 주택정책 분야에서 발전했다. 19세기에 인구가 증가하고 도시가 성장함에 따라 정부는 공중위생 문제에 대해 새로운 역할을 떠맡아야 했다. 환기, 채광, 도로의 폭 등을 규제하는 건축조례로는 그 효과가 제한적이었기 때문이다. 종합해 보면 도시의 변화와 성장을 통제하는 일차적인 근거는 적절한 위생을 확보하는 데 있었다.

영국에서 조례주택지를 대신해 교외의 이미지를 기대하며 개발된 전원교외형 주택은 건축조례와 충돌했다. 컬데삭Cul-de Sac과 인클로저, 공유지, 저택풍의 연립주택을 주로 사용한 언윈의 계획은 건축조례의 가로 기준과 방화 규정에 저촉되었다. 뉴 어스윅과 레치워스는 건축조례의 적용을 받지 않는 농촌에서 개발되었지만 햄스테드는 건축조례의 적용을 받았다. 건축조례는 조례주택지를 만들어냈을 뿐만 아니라 전원교외의 실현을 가로막는 장벽이기도 했다(조재성, 1999: 48).

이러한 장애를 해결하기 위해서 특별법인 '햄스테드 전원교외법 Hampstead Garden Suburb Act'이 1906년에 제정되었다. '햄스테드 전원교외법'은 건축조례의 제약을 극복하고 전원교외형 단지계획을 수립할 수 있도록 해주었다. 이와 같은 제도가 일반화되어 전원교외형 주택지를 통해 도시 확대가 촉진될 수 있었던 것은 1909년 제정된 '주택 및 도시계획법' 덕분이었다. '주택 및 도시계획법'에 따라 선보인 도시계획 시안

▌언윈이 레치워스 계획에서 처음 소개한 컬데삭의 모습의 예. 일직선의 가로 형태를 규정한 건축조례
를 위반하는 형태였다.

자료: https://www.flickr.com/search/?text=cul%20de%20sac%20for%20residential%20area

Town Planning Scheme은 현대적 도시계획의 등장이자 현대적인 상세계획
전통의 출발점이었다(McLoughlin, 1973: 113).

2) 1909년 '주택 및 도시계획법' 제정

1909년 영국에서 제정된 '주택 및 도시계획법the Housing, Town Planning,
etc Act'은 도시계획 시안에서 규정한 토지이용 규제에 기초해서 개발을
규제하는 제도였다. 1909년에 구성된 도시계획 틀의 핵심은 토지의 강
제적 수용과 토지이용에 관한 규제로, 궁극적인 목적은 개별 토지 소유
자의 이익을 체계적인 도시개발의 테두리 안에 종속시키는 것이었다.
'주택 및 도시계획법'이 제정되자 지방당국은 도시계획 시안에 위생 상

태와 쾌적성, 편리성을 반영하게 되었다. 공중위생, 효율성, 그리고 심미성은 문명화된 사회생활에 필수적인 요인으로 받아들여졌는데, 이는 민간 주도 단체에 의해 이루어졌다.

또한 다음과 같은 이유로 정부가 개입할 필요가 있다고 인식되었다. 첫째, 도로망이나 기반시설 같은 시설의 건설은 공공비용으로 지출을 감당해야 했고, 국민의 보건에서도 정부의 조치가 필요했기 때문이다. 둘째, 법의 권한으로 물리적인 개발에 대한 규제와 허가를 실시해야 했기 때문이다. 더욱이 도시가 성장하고 변화하면서 발생하는 도시의 외적 문제는 정부 개입의 필요성을 증가시켰다. 개인 기업이나 개별 기업가는 교통체증, 수질 오염, 경관 훼손, 공장에 의한 대기 오염과 분진 발생 등 외부적인 문제에 대해 책임을 지지 않는다. 가장 효과적인 방법은 정부가 공공의 보호를 위해 물리적인 개발을 통제하고 개인들 간의 상호작용에서 발생하는 문제를 조절하면서 이와 같은 외적 문제를 해결하는 것이다. 그러나 '주택 및 도시계획법'을 통한 도시계획 시안은 기존의 시가지를 대상으로 하는 조치가 아니라 도시 주변부로 진행되는 외연적 확산에 대응하기 위한 조치였다. 또한 도시 주변부 전역을 대상으로 하는 것이 아니라 필요한 일부 지역부터 순차적으로 시안을 적용하는 지구단위 계획이었다.

'주택 및 도시계획법'의 제정은 장래의 개발이익 환수와 보상에 관한 법률을 마련할 근거를 제공했다는 점에서 발전적인 의미를 지니고 있다. '주택 및 도시계획법'의 제한적인 성격과 경험 부족, 그리고 계획안에 대해 모든 이해 관계자에게 의견 청취의 기회를 제공하는 행정적 절차 때문에 지방당국이 강력한 권한을 행사하기에는 많은 제약이 뒤따랐

다. 결국 '주택 및 도시계획법'에 의해서는 소수의 시안만 실현될 수 있었다.[19]

'주택 및 도시계획법'에 의해 도입된 도시계획 제도는 두 가지 장점을 가지고 있었다. 첫째, 도시계획 시안을 통해 신시가지 개발을 규제하는 제도였다는 점이다. 둘째, 기존의 건축조례를 뛰어넘는 계획과 그에 기초한 지구별·노선별 건축 규칙, 그리고 특별 규칙을 통해 저층·저밀 주택을 위주로 한 새로운 시가지의 형성을 가능하게 하고 촉진하는 제도였다는 점이다.

도시계획 시안은 특별 규칙과 계획도로 작성되었다. 도시계획 시안은 특별법으로 제정되어 대상구역은 기존의 건축조례 등의 법령에 우선해 적용되었다. 시안의 주요 내용은 가로, 건축물, 공지, 역사적 경관 보존물, 하수·배수, 조명, 상수 등을 충분히 공급하는 것이었다. 또한 계획도에는 대상 구역의 행정상의 경계 외에 도로 계획, 공지, 용도·높이·밀도 제한, 수용 예정지 등이 포함되었다.

법과 시행규칙에서는 부지 내의 공지의 제한, 건축물 밀도의 제한, 건축물 높이의 제한, 건축물의 성격에 대한 제한이 배제되었다. 시안은 토지 소유자와 지자체 모두 입안할 수 있었으나, 지자체의 의결, 행정당국의 승인과 열람 절차 등에 대해서는 필수 사항으로 정하지 않았다. 이는 어디까지나 신시가지 개발에 대한 규제 장치였으며, 목적과 규제를 겸비한 우수한 특별법이었다.

---

19 1913년 발의된 66개의 도시계획 시안 가운데 2개만 지방정부에 의해 정책으로 승인되었다.

또한 도시계획 시안에서는 개발허가를 거부하는 곳을 세분했는데, 계획당국은 이를 근거로 토지 소유자에게 보상을 할 수 있었다. 시안은 주택의 수 및 공중위생에 관한 기존의 조례와 함께 공공개입을 보다 적극적으로 확장했다.

제2장

근대 도시계획의 사조

지금까지 18세기 말 영국 산업혁명에서부터 제2차 세계대전이 발발할 때까지 영국의 도시 문제가 어떻게 변화해 갔는지 그 과정을 폭넓게 살펴보았다. 그런데 이 시기에서 결코 간과해서는 안 될 부분이 도시 문제에 대한 사상가들의 영향과 저술이다. 당시 이들의 저술과 강연은 극소수의 지지자만 공감했다. 이들이 강한 신념을 가지고 주장했던 많은 내용이 당대 사람들에게는 유토피아적으로 비쳤으며, 심지어 기묘해 보이기까지 했다. 그럼에도 이 사상가들이 끼친 영향은 가늠할 수 없을 만큼 컸으며, 그들의 영향은 지금도 지속되고 있다.

도시계획 사상가들은 통상 영미계통 그룹과 유럽대륙 그룹으로 나뉜다. 이러한 구분은 단지 편의에 따른 것이 아니다. 두 사상가 그룹의 지적·사상적 배경도 서로 판이하기 때문이다. 유럽의 도시 발전 과정과 유사한 성향을 보인 스코틀랜드의 도시와 달리, 잉글랜드와 웨일스의 도시는 1860년경 이후부터 외곽으로 확산해 나가기 시작했다. 그 이유는 무엇보다 중산층은 물론 제1차 세계대전 이후 공공주택의 성장과 함께 노동계층도 과밀한 도시 지역에서 개별 정원이 딸려 있고 에이커당 10호 또는 12호가 세워진 단독 주택으로 이동해 나가기 시작했기 때문이다. 그리고 1880~1910년에 이탈리아인, 그리스인, 러시아인, 폴란드인, 그리고 러시아와 폴란드에서 온 유태인 등의 민족 집단이 물밀듯 쏟아져 들어옴에 따라 이와 동일한 과정이 시차를 두고 대부분의 미국 도시에서도 발생했다. 이렇게 새로 유입된 민족 집단은 뉴욕이나 보스턴,

시카고 같은 도시 내부에 형성되어 있던 민족 집단의 집단 거주지, 이른바 민족적 게토에 과밀하게 거주하면서 도시 외곽으로 이동하기 위한 시간을 벌고 있었다. 그러다가 1920년대와 1930년대에 미국의 거의 모든 도시에서 대중교통이 발달하고 개인 승용차가 점차 늘어나면서 단독주택이 빠르게 성장했다. 영·미 양국의 저술가와 사상가들은 이 같은 도시의 외연적 확산을 도시 문제를 해결하는 출발점으로 받아들이는 전통을 가지고 있었다.

유럽대륙에서는 이와는 매우 다른 양상이 나타났다. 유럽대륙의 도시들은 산업화의 충격과 1840~1900년 기간에 영국이 겪었던 농촌인구의 도시 유입 문제를 영국보다 수십 년 늦게 겪으면서 도시가 빠르게 성장했다. 이 때문에 영미 대륙처럼 도시가 확산되지는 않았다. 말과 전기전차 체제로 대중교통 서비스가 발전했기 때문에 일부 중산계급은 새로운 교외지의 대저택에서 생활했다. 그러나 대부분의 중산계급과 모든 노동계급은 자신의 일터로부터 도보로 통근 가능한 거주지에서 매우 높은 밀도하에 생활했다. 유럽 대륙의 전형적인 도시에는 당시 형성되어 가로를 따라 4~6층짜리 고층 아파트가 연이어 건축되었다. 이렇게 형성된 아파트는 블록 안쪽에 커다란 중정中庭을 두는 형태를 띠었는데, 이런 모습은 오늘날에도 여전히 남아 있다.

중산계급 지역에서 고층 아파트가 에워싼 중정은 공동으로 사용할 수 있는 녹지 공간이었다. 그러나 다른 지역에서는 오로지 가능한 한 많은 사람을 거주시킬 목적으로 고층 아파트가 끊임없이 건축되었다. 그 결과 1900년에 이르자 유럽 대부분의 대도시에서는 거대한 빈민 구역이 형성되었는데, 그 형태가 영국의 빈민 구역과는 매우 달랐다. 영국에서는 가난한 사람들도 임대를 하거나 주택을 구입해서 자신의 작은 주택, 즉 일반적으로 2층인 가옥에서 살았다. 그러나 유럽 대륙의 주택은 소형 아파트 형태였기에 일실당 사람의 수나 주택당 사람의 수, 또는 순주거 에이커당 사람의 수 같은 밀도 지수가 영국의 빈민 구역보다 월등히 높았다. 그런데 특이하게도 스코틀랜드는 유럽식으로 개발되었다. 예컨대 글래스고는 개인 주택보다 임대 주택이 많은 도시였고 과밀도는 영국의 다른 대도시보다 항상 높게 나타났다. 이와 같은 상황에서 유럽 대륙은 자연스럽게 도시계획에 대해 눈을 뜨기 시작했으며, 사람들이 도시 내의 고밀도 아파트 생활을 선호한다는 생각을 계획의 출발점으로 삼는 경향이 있었다.

1. 영국과 미국의 도시계획 사상가

1) 에버니저 하워드

대도시에 공장이 위치하고 인구가 대대적으로 유입되기 시작하면서 도시 문제가 악화일로로 치닫던 19세기 말, 세계 최초로 산업화를 이룩한 영국은 다른 어느 나라보다 앞서 도시 문제로 고통받고 있었다. 이 같은 상황에서 에버니저 하워드Ebenezer Howard(1850~1928)는 『내일의 전원도시』를 통해 해법을 제시했다. 1890년대 영국 도시의 경제적 상황이나 환경은 1840년대와는 비교도 할 수 없을 만큼 향상되어 있었다.

많은 근로자의 평균 수입이 월등히 높아졌고 도시의 위생 수준도 향

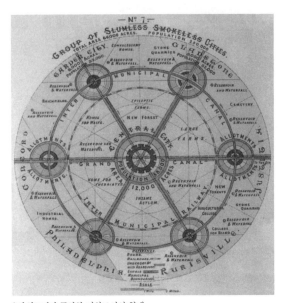

ㅣ하워드의가 구상한 전원도시의 형태

자료: https://www.flickr.com/search/?text=cul%20de%20sac%20for%20residential%20area

상되었다. 또 건축조례에 따라 이른바 조례주택들이 신축되면서 근로자들의 주거 환경도 일부 개선되었다. 그러나 현대적 기준에서 볼 때 도시 상황은 여전히 열악했다. 1891년에 실시된 인구조사에 따르면, 도시 인구의 약 11%인 300만 명 이상이 일실당 두 명 이상 거주하는 높은 밀도하에 생활하고 있었다. 또 인구등록청Registrar General의 기록에 따르면, 1880년대에도 맨체스터 같은 도시의 기대수명은 평균 29세로 1840년대보다 불과 5년 연장되었을 뿐이다. 1880년대 말부터 1890년대 초까지 왕립통계협회Royal Statistical Society 회장을 역임한 찰스 부스Charles Booth는 엄격하게 작성된 통계 기록에 기초해 처음으로 근대적 사회조사를 수행했다. 그는 고전이 된 자신의 연구에서 최소 기준에 따를 경우 런던 동부 지역 주민의 약 1/4이 빈곤선 이하의 삶을 영위하고 있음을 밝혀냈다. 또 농촌 지역에서도 대다수의 농민이 가혹한 삶에 허덕이고 있었다. 당국의 보호 정책이 전무한 상황에서 저렴한 외국산 고기와 밀 등이 대량 수입됨에 따라 심각한 불황을 겪고 있었기 때문이다. 1890년대 영국의 인구는 한정된 도시 지역과 산업지구를 제외하고는 거의 모든 지역에서 감소했다. 도시 외곽의 교외지가 개발되기 시작했으나, 도시 근로자가 교외지에 거주할 수 있도록 실질적으로 지원해 주는 20세기적 제도가 당시에는 없었다. 이를 위해서는 자동차 시대가 도래해야 했다.

1898년, 이러한 문제에 대한 해결책으로 하워드는 도시와 농촌을 결합한 새로운 형태의 전원도시를 제시했다. 하워드가 제시한 전원도시는 도시생활의 편리성과 전원생활의 쾌적성을 모두 누릴 수 있도록 설계된 새로운 개념의 이상 도시였다. 따라서 그의 전원도시는 근대도시가 지향해야 할 목표와 가치, 도시계획의 이념을 깊이 통찰한 산물이었다.

하워드는 여기서 한 걸음 더 나아가 신도시를 실질적으로 실현하는 방안으로 신도시 건설과 거주민의 일자리 마련을 위한 구체적인 사업까지 제시했고, 실제로 두 개의 지역에 전원도시를 건설했다.

하워드는 이처럼 도시와 농촌이 결합된 전원도시라는 새로운 정주 형태를 1898년 발간한 『내일: 개혁에 이르는 평화로운 길』에서 '사회도시Social Cities'라는 구상도로 제시했다. 이 책은 1902년에 『내일의 전원도시』로 제목이 바뀌어 출간되었다. 구상도에서는 이른바 외부성의 내재화를 통해 도시 집중화 현상의 장점을 새로운 주거지로 전달하며 일자리와 근로자를 계획적으로 분산시키고자 했다. 하워드는 『내일의 전원도시』에서 대도시의 인구 증가와 산업 집중, 그로 인한 각종 도시 문제를 해소하기 위해 그리스의 유기체적 원리를 도시계획에 도입하고 도시에 휴먼 스케일을 적용했다. 따라서 그가 제안한 전원도시는 구상 단계부터 인구와 주거 밀도, 면적을 제한했고, 상업, 공업, 행정, 교육 등 도시의 본질적 기능이 잘 수행되도록 조직되었으며, 거주민이 건강한 삶을 누리고 환경을 보전할 수 있도록 녹지를 갖추었다. 또 신도시 주변으로 영구적인 농업지대를 설치해 도시와 농촌이 통합되도록 했다. 이런 세부 구상을 통해 집적 대신 계획된 확산을, 집중 대신 분산을, 분리 대신 통합을 추구했다.

신도시가 입지하는 지점은 모㑊도시를 중심으로 방사 동심원형의 간선 교통로를 통해 교외로 연결되는 결절점이 된다. 하워드는 5만 8000여 명이 거주하는 중심도시를 가운데에 놓고 그 주위에 3만 2000여 명이 거주하는 위성도시 여섯 개를 배치해 전체 인구가 25만여 명이 되도록 전원도시를 구상했다. 또한 산업 균형, 공원 녹지 정비 등의 원리를 도입해 외곽을 농경지로 둘러쌌다. 그의 전원도시는 훗날 여러 전원도시의 고전적 모델이 되었다. 런던 주변에 건설된 80여 개의 신도시가 좋은 예이다.[1] 하워드는 "도시와 시골은 결합되지 않으면 안 된다. 도시와 시골의 결합을 통해 새로운 희망과 새로운 삶, 새로운 문명이 탄생된다"라고 여겼다. 그의 새로운 개념이 본질적이면서 독창적인 이유는 다음과 같다. 첫째, 전원도시의 토지는 개인 소유로 분할되지 않으며 밀도가

---

[1] 독일에서는 1909년 드레스덴의 교외지역에 에버니저 하워드의 아이디어에 기초한 독일 최초의 전원도시 헬러라우(Hellerau)가 건설되었다. 한편 영국에서는 1946년 '신도시법(The New Town Act)'이 제정된 이후 1980년에는 인구 100만 명 이상인 신도시가 28개에 이르렀으며, 70만 호 이상의 주택이 건설되었다.

낮고 토지이용 변경이 억제된다. 둘째, 도시의 성장을 통제하고 제한할 수 있는 적정한 인구인 3만 명 정도로 거주민 수가 제한된다. 셋째, 전원도시는 전원과 도시 내부의 가정, 공업, 시장, 행정, 사회복지 기관 등을 기능적으로 결합시킨다.

하워드의 전원도시 사상은 1898년에 결성된 전원도시협회Garden City Association에 의해 실제 신도시 건설과 국제 운동으로 발전했다. 하워드는 건축가 레이먼드 언윈, 배리 파커Barry Parker와 손잡고 자신이 계획하고 언윈과 파커가 설계를 맡아 런던 북쪽 56km 지점에 최초의 전원도시인 레치워스를 1903년에 건설했다. 1920년에는 제2의 전원도시인 웰린Welwyn을 런던 북쪽 32km 지점에 건설했다.[2]

1902년 발간된 『내일의 전원도시』를 통해 드러난 하워드의 전원도시 사상은 미국의 근린주구近隣住區, neighborhood 개념에 영향을 미쳤으며, 제2차 세계대전 후에는 미국 도시의 건물 블록에, 대공황 시기에는 미국 정부가 건설했던 그린벨트 타운 등에 영향을 미쳤다. 그린벨트Greenbelt, 그린힐스Greenhills, 그린데일Greendale 같은 미국의 그린벨트 타운은 하워드의 전원도시와 유사했지만, 영국처럼 자족의 기능을 갖추거나 토지이용의 균형을 이룬 것도 아니라 단순한 교외 주거지에 그쳤다.

하워드의 아이디어는 다음 두 가지 면에서 매우 광범위하게 오해를 받고 있다. 첫째, 하워드가 자신의 신도시에서 매우 높은 주거 밀도를 주장한다는 오해이다. 하워드의 개념대로라면 에이커당 대략 15채의 집이 지어지므로 당시 대다수의 가족 규모와 연관 지어 볼 때 그가 주장

---

2   웰린 전원도시의 설계는 루이 드 수아송(Louis de Soissons)이 담당했다.

┃ 웰린에 건설된 전원도시의 지도
자료: https://www.flickr.com/search/?text=Image%20for%20Welwyn%20Garden%20City

한 밀도는 에이커당 80~90명이다. 둘째, 하워드가 소규모의 고립된 신
도시를 주장했다는 오해이다. 하워드의 개념은 어떤 도시가 일정 규모
에 도달하면 물리적 성장을 멈춰야 하고 일정한 한계를 넘는 부분은 인
접한 다른 신도시에 수용되어야 한다는 것이었다. 따라서 그는 개방된
농촌의 녹지를 배경으로 한 복합 다핵 도시의 집합체로서 세포가 증식
하듯 성장해 나가는 신도시를 제기했다. 하워드는 이러한 다핵의 거주
지를 '사회적 도시Social City'라고 불렀다. 그의 책 초판본의 도면을 보면
그가 제안한 신도시에서는 영국의 밀턴 케인스Milton Keynes가 목표로 한
인구수와 동수인 25만 명을 수용한다. 그러나 하워드는 '사회적 도시'가
지속적으로 성장해 나갈 수 있다고 주장했다.

하워드는 신도시 공동체를 건설하는 방법에 관해 매우 상세하게 설명했다. 그는 전원도시를 건설하기 위해 민간 기업이 자금을 빌릴 수 있어야 한다고 생각했다. 전원도시를 위한 부지는 개방된 농촌에서 저렴하게 구입할 수 있고, 지가가 상승하면 신도시의 기업은 적절한 기한 내에 빌린 자금을 상환할 수 있으며, 여기서 발생한 이윤은 보다 큰 단위의 사회적 도시를 건설하는 데 사용할 수 있으리라고 예상했다(하워드, 2006: 53). 하워드가 주도한 하트퍼드셔Hertfordshire 북쪽의 레치워스와 그로부터 몇 마일 남쪽에 있는 웰린은 모두 그의 개념대로 도시 주위를 광활한 그린벨트로 둘러싸도록 계획되었다. 그러나 두 도시 모두 심각한 재정적 문제를 겪었으며, 대대적인 민간기업 주도하의 신도시 건설이라는 비전은 결코 실현되지 않았다. 더욱이 두 신도시를 건설하면서 하워드가 설립한 도시·농촌계획협회Town and Country Planning Association가 지속적이고 효과적으로 이 도시들을 홍보했음에도 불구하고 제2차 세계대전이 종료될 때까지 정부는 신도시 건설에 대해 일말의 긍정적인 반응도 보이지 않았다.

(1) 『내일의 전원도시』의 탄생 배경과 의의

영미 그룹에 속한 모든 도시계획 사상가 가운데 최초이자 가장 영향력 있는 인물이 에버니저 하워드라는 데에는 의심의 여지가 없다. 그의 저서 『내일의 전원도시』는 도시계획 역사상 가장 중요한 저서 중 하나로 꼽힌다. 여러 차례 재판을 거듭했고 문고판 형태로 손쉽게 구할 수 있는 그의 서적은 근·현대 도시의 많은 문제를 적시했으며, 도시 문제에 대한 해결 방안을 모색할 때 여전히 빠뜨릴 수 없는 참고 서적이기도

하다. 또한 이 저서에서 영국의 도시계획 이론과 실제에 큰 영향을 미친 '전원도시 운동'이 태동되었다.

그러나 『내일의 전원도시』의 중요성을 제대로 이해하기 위해서는 이 책이 탄생하게 된 역사적 배경을 살펴봐야 한다. 하워드는 전문적인 계획가는 아니었다. 원래 그는 법원의 속기사였다. 그러나 사유하고 저술하고 실질적으로 일을 주도하는 것을 좋아했다. 젊은 시절 여행을 자주 다녔던 그는 저술을 위해 영국으로 돌아오기 전, 도시가 빠르게 성장하는 시기의 몇 년을 미국에서 보냈다. 당시에는 자선 사업가 성향을 지닌 여러 명의 산업 자본가가 개방된 농촌에 대규모 공장을 신설하고 그 주변으로 새로운 공동체를 출범시키고 있었다.

그러나 이러한 실험에 나선 최초의 사례는 산업혁명 초기로 거슬러 올라가야 한다. 로버트 오언은 스코틀랜드의 뉴 라나크에 실험적 주거지를 건축했고 티투스 솔트Titus Salt는 브래드 포트 근방 솔테어에 있는 자신의 면직공장 주위에 도시를 세운 바 있다. 초콜릿 제조업자인 조지 캐드버리가 세운 버밍엄 외곽의 본빌과 화학왕 윌리엄 레버가 세운 버컨헤드Birkenhead 근방 머시에 소재한 포트 선라이트는 영국에서 가장 잘 알려진 실험도시이다. 독일에서는 엔지니어링 회사이자 군수업체인 크루프Krupp가 루르 지방 에센에 있는 자신들의 작업장 밖에 다수의 주거지를 세웠다. 그중 가장 잘 보존된 곳이 마르가르테회에Margaretenhohe인데, 이곳은 본빌이나 포트 선라이트와 매우 흡사하다. 미국에서는 풀먼카를 발명한 철도 엔지니어 풀먼George Pullman이 1880년부터 시카고 외곽에 자신의 이름을 딴 풀먼시를 세운 바 있다.

이 도시들은 모두 하워드가 전파시키고자 한 아이디어의 단편을 담고 있었다. 즉, 이 신도시들은 모두 산업이 도시로부터, 또는 최소한 도심지 구역으로부터 분산되어 있었고, 이렇게 분산된 공장 주위로 근로와 생활이 결합된 건강한 환경의 주거지가 자리 잡고 있었다. 어떤 의미에서는 이 신도시들이 최초의 전원도시였으며, 이 중 다수는 오늘날에도 여전히 기능하는 유쾌한 도시로 남아 있다. 그러나 하워드는 특정한 산업 자본가가 건설하는 특정 기업의 특정 산업도시와 과밀한 19세기 도시로부터 사람과 산업을 분리시키는 아이디어를 일반화해 일반적인 계획운동으로 승화시켰다. 또한 그는 다른 이들의 저서에서도 많은 아이디어를 빌려온 듯하다. 에드워드 웨이크필드Edward Wakefield는 1850년 이전에 인구제한 운동을 주장했으며, 제임스 버킹엄James Buckingham은 모델도시의 아이디어를 발전시켰다.

그러나 하워드에게 가장 큰 영향을 미친 인물은 빅토리아 시대의 경제학자 앨프리드 마셜Alfred Marshall이었다. 마셜은 도시 문제를 치유할 방안으로 신도시 아이디어를 새롭게 창안하고 그 아이디어의 경제적 타당성을 논리정연하게 설명했다. 1884년 초에 마셜은 많은 산업은 입지에 특별한 제약을 받지 않으며 노동력을 활용할 수만 있다면 어느 곳이든 들어설 수 있다고 주장했다. 또한 궁극적으로 공동체가 불량한 위생 상태와 불량한 주택에 대한 사회적 비용을 지불해야 한다면 이러한 사회적 비용이 신도시를 신축하는 데 드는 비용보다 훨씬 높다고 설파했다.

하워드는 마셜의 아이디어를 차용한 뒤 이를 더욱 발전시키고 일반화시켰다. 무엇보다 단순히 아이디어에 머물지 않고 이를 현실적으로 구현하기 위해 구체적인 방안까지 제시했다. 공상적인 도시계획을 논한 저자는 다수 있지만 하워드는 실용성을 추구했기 때문에 그의 개념 자

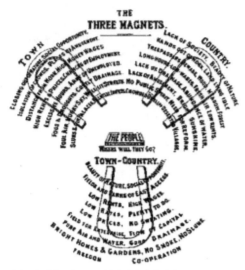

ㅣ하워드의 전원도시를 도출한 '세 개의 자석' 개념도
자료: https://www.flickr.com/search/?text=E%20Howard%27s%20Garden%20City

체가 이상주의에 머물러 있지 않았다. 하워드는 자신의 저술에서 전원
도시의 건설을 가능하게 해줄 재정적 방법에 대해 상세하게 설명했다.
그는 신도시 또는 전원도시의 사례를 원용해 경제학적 지식이 없는 일
반인도 자신의 재정적 방법이 실현 가능하다는 사실을 쉽게 이해할 수
있도록 설명했다.

하워드는 이른바 '세 개의 자석three magnetics'이라는 유명한 개념도를
통해 전원도시의 개념을 설명했다. 이 개념도는 도시계획의 목적이 잘
압축된 탁월한 설명이기도 하다. 하워드는 이 개념도에서 기존의 도시
와 농촌은 장점과 단점이 상호 용해될 수 없어서 둘을 묶는다 해도 각기
따로 도는 혼합물에 불과하다고 주장한다. 도시의 장점은 일자리와 도
시의 온갖 서비스를 접할 수 있는 기회를 제공한다는 것이고, 단점은 결

과적으로 자연환경이 불량해진다는 것이다. 역으로 농촌은 뛰어난 환경을 제공하지만 실제로는 어떤 종류의 기회도 제공하지 못한다. 따라서 하워드는 도시와 농촌의 장점만 결합한 전원도시를 주창했다.

하워드가 『내일의 전원도시』에서 제시한 개념이 인류 문명사에서 차지하는 위치는 멈포드의 다음과 같은 표현에 잘 집약되어 있다. "20세기 초 인류는 두 가지 위대한 발명을 했다. 비행기와 전원도시가 그것이다. 둘은 모두 새로운 시대의 서막을 알리는 선구자였다. 전자는 인류에게 날개를 달아주었으며, 후자는 인류가 지상으로 내려왔을 때 머물 수 있는 양질의 주거 공간을 약속했다."

근대 도시계획의 목표를 제시한 『내일의 전원도시』는 여러 나라에서 전원도시라는 신조어를 만들어내 Garden City(미국), Cité-jardin(프랑스), Gartenstadt(독일), Cuida de jardín(스페인), Tuinstad(네덜란드) 등으로 불렸다. 하워드가 도시계획사에서 차지하는 중요성은 그가 전원도시론에 입각해 레치워스와 웰린 두 지역에서 실험 도시를 건설하며 세계 각지의 신도시 건설에 막대한 영향을 미쳤다는 데 그치지 않는다. 그의 전원도시론을 통해 도시계획의 주요한 개념들이 정립되었기 때문이다. 더 나아가 하워드가 제시한 개념은 20세기를 통틀어 도시 구조와 도시의 성장에 관한 과학적·정치적 견해와 전망을 전개하고 발전시키는 근간으로 작용했다. 『내일의 전원도시』에서 하워드가 제시한 개념은 건축·도시계획 분야의 전문가뿐만 아니라 21세기 새로운 도시 문명을 꿈꾸는 일반 시민에게도 매우 소중하다.

이 책은 도시계획사에서 매우 큰 위치를 차지함에도 불구하고 학문적 주목이나 명성을 그다지 얻지 못했다. 이 책을 제대로 이해하지 못한 이들이 하워드의 개념을 그의 의도와는 동떨어지게 수용함으로써 오해와 혼란이 빚어지기도 했다. 하워드는 빼어난 학벌을 지니기는커녕 정규 교육과정을 통한 학문적 훈련조차 제대로 받지 못한 흙수저 출신의 인물이다. 그래서인지 『내일의 전원도시』에는 전문적인 기술 용어들이 등장하지 않으며, 역사학적·인구통계학적 자료들을 인용한 심오한 학식의 나열도 없다. 심지어 그의 주장은 당대의 학자들로부터도 철저하게 외면을 당했다.

그러나 이 책에는 녹지 벨트, 그랜드 애비뉴Grand Avenue, 새로운 교통수단 이용, 지방자치단체 운영 권한의 대폭 확장 또는 사회적 규제 권한 강화, 자유기업의 중요성 등 시대를 앞선 번뜩이는 아이디어들이 보석처럼 알알이 박혀 있다. 처음 이 책이 출간되었을 때 보수 정객에게는 이상주의적이라는 인상을, 급진 좌파 정객에게는 현실 문제 해결에 실효성이 떨어지는 방안이라는 인상을 준 것이 사실이다. 하지만 실제로 도시개발을 실험 중이던 소수의 열정적이고 유능한 사람들에게는 도전 정신을 강하게 자극했다.

(2) 하워드 사상의 전파 과정

하워드는 많은 사상가들로부터 영향을 받았는데, 그중 전원도시론의 중심 개념인 토지 공유제와 도시와 농촌의 완전한 결합 등은 헨리 조지Henry George와 표트르 크로폿킨Peter Kropotkin으로부터 커다란 영향을 받았다. 하워드는 『내일의 전원도시』 출간 후 자신의 사상을 전파하기 위해 전국을 돌며 전원도시를 주제로 강연을 하기 시작했다. 마침내 그는 1899년 열광적인 지지자들을 규합해 전원도시협회를 조직했다. 1901년에는 하워드의 전원도시 사상을 지지하는 런던의 변호사 랠프 네빌Ralph Neville이 협회 회장에, 토머스 애덤스Thomas Adams가 사무총장에 취임했으며, 이 외에도 사업가와 저명한 공직자들이 협회에 가입함으로써 하워드의 입지는 탄탄해졌다.

1903년 전원도시협회는 파이오니어pioneer사를 설립, 런던 도심에서 35마일 떨어진 하트퍼드셔의 농지 3818에이커를 구입함으로써 하워드의 이상을 구현할 레치워스 전원도시 건설에 착수했다. 파이오니어사는 당시에 무명이던 건축가 레이먼드 언윈과 배리 파커에게 레치워스의 도시계획을 맡겼다. 이후 언윈은 레치워스에서의 경험을 바탕으로 1918년「튜더 월터 주택 보고서」를 작성해, 양차 세계대전 사이 영국이 대규모로 주택을 공급할 때 영국적 특징을 살린 현대적 주택과 정원의 물리적인 기준을 제공했다.

하워드의 사상은 세계 각국에서 호응을 얻어 하워드를 의장으로 하는 전원도시협회와 국제전원도시협회(국제주택·도시계획연맹International Housing and Town Planning Federation의 전신)가 창립되었고 레치워스는 세계적인 명성을 얻었다. 레치워스는 하워드의 핵심 사상을 충실하게 구현했기 때문에 세계 각국의 주택 및 도시계획 분야 개혁가에게는 성지나 다름없는 존재가 되었다. 그러나 불행하게도 시간이 흐르면서 전문가들은 하워드가 구현하고자 했던 본래의 사상 대신, 레치워스의 주택 기준과 단지 배치 같은 물리적인 시설 기준에만 관심을 집중했다. 결국 전원도시라는 아이디어의 핵심인 균형, 유기적 통합, 사회적 혼합 같은 개념은 물리적 시설 배치 같은 세부사항에 묻혀 모호해지거나 실종되는 위기에 처하기도 했다.

실용적인 성향이 강했던 하워드는 1903년 전원도시 레치워스를 건설함으로써 자신의 이념을 입증한 뒤, 1919년에 두 번째 전원도시 웰린을 건설했다. 전원도시 웰린은 레치워스보다 더욱 심도 있는 도시 설계 기법과 건축설계 기법을 적용하고 쇼핑센터와 공장 지역을 조성하는 새로운 도시계획 개념을 적용함으로써 전원도시를 적용한 현대 도시계획의 문을 열었다. 세계 도시계획가들은 레치워스와 웰린으로부터도 배울 것이 많지만, 두 도시를 낳은 아이디어의 보고인『내일의 전원도시』에서 훨씬 많은 것을 배워야 한다. 하워드가『내일의 전원도시』에서 상세하게 설명한 개념은 전 세계 계획가들의 공동 자산이 되어 네덜란드의 힐베르쉼Hilversum, 에른스트 마이가 설계한 프랑크푸르트의 위성도시 암마인Frankfort-am-Main, 클래런스 스타인Clarence Stein과 헨리 라이트Henry Wright가 건설한 래드번Radburn, 나아가 글래스고 인근의 컴버놀드 Cumbernauld 신도시 계획에까지 영향을 미쳤다. 요컨대『내일의 전원도시』는 도시 문명의 새로운 지평을 위한 초석을 놓았다고 할 수 있다.

(3) 전원도시의 구성 원리와 하워드의 독창성

하워드가 주창한 전원도시의 원리에는 근대 도시계획이 추구하는 불변의 원리가 대거 포함되어 있다. 따라서 전원도시가 표방하는 개념은 하워드가 건립한 두 신도시의 성패로 가늠할 수 있는 수준 이상의 가치를 지니고 있다. 인류의 삶에 영향을 미친 모든 발명이 그러하듯, 하워드의 전원도시 개념은 지속적인 개선이 가능한 열린 개념이다. 이는 국가와 지역에 따라 다양한 유형의 도시로 구현될 수 있다는 사실에서 잘 드러난다. 하워드의 개념은 도시계획의 기술적인 면에 국한되지 않았다는 점에서 위대하다. 새로운 유형의 도시를 건설하기 위한 구체적인 구상에서 그가 규정한 것은 단지 개념적인 도식일 뿐이며, 그 개념이 실제로 도시로 구현될 때는 현지 여건에 따라 적절하게 수정될 수 있었다. 언윈과 파커도 레치워스를 설계할 때 하워드의 의도를 정확히 파악해서 개념을 기계적으로 적용하지 않으려고 애썼다. 하워드의 공헌 중반드시 짚고 넘어가야 할 것은, 사회가 중병을 앓고 있을 때 균형 잡힌 공동체는 어떠해야 하는지를 구상하고 그 구상을 실현하기 위해 어떤 단계가 필요한지를 제시하고자 했으며, 나아가 그 구상을 실제로 구현했다는 점이다.

하워드가 활동했던 시대 상황을 살펴보면, 당시 영국의 대도시는 과도한 성장으로 과밀하고 혼잡했으며, 빈민가는 도시민의 건강을 해칠정도로 상태가 불량했다. 산업체는 부적절한 입지로 말미암아 효율성이 떨어졌고, 맹렬한 이윤 추구는 인간성이 철저하게 배제된 환경을 낳았으며, 사회 편의 시설의 부족으로 인해 침울한 분위기가 팽배해 있었다. 이 같은 시대의 우울을 목도하면서 하워드는 획기적인 처방이 절실하다고 판단했다. 그에 반해 농촌에서는 대도시에서 접하기 힘든 맑은 공기와 밝은 햇살, 탁 트인 전망, 조용한 밤 시간 등을 누릴 수 있었지만, 사람들 간의 친교의 장이나 사회적 성공을 담보할 수 있는 교류의 장이 턱없이 부족했다. 농업은 사양산업이 되었으며 농촌 마을의 삶은 대도시 빈민가의 삶보다 초라하고 궁색하고 침울했다. 넓은 농촌 지역으로 산업체를 이전한다고 해서 해결될 일도 아니었다. 하워드 역시 크로폿킨과 마찬가지로 농촌과 도시의 결합을 시도했다. 즉, 농촌의 건강한 활동성과 도시의 지식과 기술을 결합시키고자 했는데, 이를 위해 정치권의 지원이 필요하다고 생각했다. 이처럼 다면적이고 중층적인 결합의 도구로 탄생한 것이 바로 전원도시였다.

전원도시의 구성 원리에는 적정한 규모의 산업·교역 도시가 주변을 에워싼 농촌 지대와 긴밀히 연계해서 편리한 시설이 잘 갖춰진 일관된 지역 공동체를 이루고 집, 일터, 상점, 문화센터 간의 편리한 접근을 위해 각각의 도시가 용도지역제를 도입하는 것 등이 포함되었다. 햇빛, 정원, 여가 공간을 확보하기 위해 밀도를 제한했지만 그렇다고 도시의 확산으로 이어질 만큼 과도하게 제한한 것은 아니었다. 구체적인 도시 설계에서도 표준화에 따른 획일화보다는 조화를 추구했고, 녹지 속의 독립주택과 가정생활의 사생활을 중시했으며, 공공의 이익과 기업의 자유를 적절히 조화시켜 토지의 소유권을 공유화하는 동시에 임차권을 인정했다.

하워드가 제시한 전원도시의 구체적인 설계 구상을 살펴보면 하워드는 빅토리아 왕조의 매력에 흠뻑 빠져 있었다는 것을 알 수 있다. 하워드는 유리 돔을 두른 거대한 쇼핑 지구와 함께 넓은 공지를 향해 있는 크리스털 팰리스 거리Crystal Palace Road를 제안했는데, 이는 에든버러의 프린스가街를 고스란히 재현한 것이었다. 또한 도시를 두 개의 지역으로 분리하는 중심부 녹지 벨트로 폭 3마일 규모의 그랜드 애비뉴 개념을 개발해 혁신적인 도시계획 기술을 창안했다.

하워드의 밀도 계획을 구체적으로 살펴보면, 중앙의 1000에이커는 도시 용도로 지정했으며, 5000에이커는 농업 녹지 지대로 조성했다. 5000에이커의 농지에는 2000명의 인구를, 1000에이커의 도시 지역에는 3만 명의 인구(에이커당 30명의 주거 밀도)를 제안했으며, 공원은 1000에이커당 9에이커로 배분했다. 하워드의 밀도 계획은 광활한 공지 위에 개별 주택이 분산되어 끝도 없이 확장되는 형태가 아니라 오히려 조밀하고 엄격하게 제한된 도시형 집단이라고 할 수 있다.

하지만 우리는 하워드의 전원도시 계획안보다 그가 표방한 이념에 놀라게 된다. 그는 새로운 도시의 공간적 형태보다는 새로운 공동체를 실질적으로 구현하는 데 더 많은 관심을 쏟았기 때문이다. 하워드는 아름다운 전원도시의 풍경을 찍어 출판하거나 새로운 공동체 환경에서 주민들의 삶이 경이롭게 변화할 것이라는 슬로건을 내세움으로써 대중적인 지지를 얻으려 하지 않았다. 그는 사전에 합의된 방침에 입각해서 제한적인 개선이 이루어져야 한다는, 현실적이면서 설득력 있는 주장을 폈다. 그는 자신이 주장하는 체제가 현재의 체제보다 낫다는 것을 증명하고 지지 세력을 규합하면서 새로운 개념을 운용하는 데 필요한 약간의 기술을 보태면 이상을 향해 변화할 수 있을 것이라고 굳게 믿었다.

하워드의 독창성은 특정한 세부 내용에 있는 것이 아니라 그의 독특하고 탁월한 종합 능력에 있다. 그가 제안한 다음과 같은 내용을 보면 그가 얼마나 통합적으로 사고하는지 알 수 있다. 첫째, 하워드는 도시의 한 구성 요소로서 농업 용도로만 사용되는 영구적인 공지 벨트, 즉 그린벨트를 설정해서 도시 내부에서 시작된 도시의 물리적 확산이나 도시 외연부의 난개발에 따른 토지의 잠식을 제한하고자 했다. 둘째, 도시 전 구역의 토지를 지자체가 영구적으로 소유해서 토지에 대한 규제 권한을 행사하도록 했으며 민간은 임대를 통해서만 구역 내 토지를 처분하고 관리하도록 했다. 셋째, 처음에 계획한 인구밀도에 따라 수용 인구를 제한하고 성장이 일정한 한계점에 도달하기까지 도시의 성장과 번영에 따른 불로소득을 지자체가 보유하도록 했으며, 주민 대부분을 고용할 수 있는 산업을 전원도시 지역 내로 이전시키고 계획된 인구가 다 채워지거나 개발이 완료되면 즉시 새로운 공동체를 건설하기 위해 신규 건설에 나서도록 했다. 요컨대 하워드는 도시개발 문제에 총체적으로 접근해서 단순히 도시의 물리적 성장으로 야기되는 문제에 대한 해결을 넘어 공동체 내부에서 도시의 역할이 적절하게 기능하는 '도시와 농촌의 통합 모델'을 추구한 것이다. 도시 생활에 활력을 도입함으로써 전원생활의 지적·사회적 개선을 꾀했다고도 할 수 있다.

농촌과 도시에 대한 개선 방안을 하나의 단일한 문제로 다루는 하워드의 통합적 접근 방식은 당시 활약하던 다른 전문가들의 문제 인식보다 훨씬 앞선 것이다. 그의 전원도시가 대도시의 혼잡을 줄이고 이를 통해 지가를 낮춰 대도시 재건의 길을 마련하기 위한 시도였다고 간주하는 것은 일면만 평가한 것에 지나지 않는다. 그는 오히려 대도시의 혼잡과 밀접하게 관련된 기숙사형 교외지dormitory suburb를 없애고자 했다. 잠자리만 제공하는 기숙사형 교외지는 인구를 분산시키고 농촌으로의 접근을 용이하게 하지만 이는 일시적인 해결책일 뿐이다. 이러한 교외지는 산업 인구와 고용 기반의 부족으로 인해 인간을 위해 창조된 환경 가운데 가장 비인간적인 환경으로 전락하고 말았다. 하워드가 정의한 대로 전원도시는 교외지가 아니라 교외지의 정반대 개념이다. 즉, 하워드가 주창한 전원도시는 농촌으로 더 깊이 은둔하는 것이 아니라 효율적인 도시 생활을 위해 보다 완벽한 통합 기반을 마련하는 것이다.

(4) 하워드의 진보성

부분적 성공만큼 이상주의적 운동을 낙담시키는 것도 없다. 레치워스와 웰린에서 이루어진 하워드의 실험은 그의 추종자들로 하여금 하워드의 방식을 포기하고 복지국가와 화해하도록 이끌었다. 그 이래로 복지국가는 질서와 정의를 기대했던 사람들을 실망시키고 있다. 이에 비해 '진정한 다중적 사회'라는 하워드의 독창적인 목표는 놀랍도록 새롭고 흥미진진하다. 관료들에 의해 관리되는 중앙집권적 계획의 시대를 살고 있는 우리는 하워드가 보여준 겸손, 외부 통제의 한계에 대한 이해, 시민들의 손에 도시의 최종적 발전을 남겨두는 데 대한 관심, 그리고 협동조합과 개인주의 간의 조심스러운 균형에 대한 지혜를 더욱 높이 평가하게 된다.

하워드의 아이디어가 지닌 급진주의적인 낙관주의에 대해 공감하지 못하는 사람도 있겠지만 그의 이념은 높이 평가되어야 한다. 하워드는 도시계획을 위해서는 기존의 사회적 질서가 온전해야 한다는 사실을 인정하지 않았다. 런던과 다른 대도시의 도심 규모가 거대하다는 사실이 그에게 깊은 인상을 준 적은 결코 없었다. 진보적인 관점을 지녔던 하워드는 가장 발전된 예술과 과학의 중심지를 품고 있는 그 도시들을 해체하라고 요청했다. 그는 진보를 신뢰했기에 인간은 인간의 형제애를 방해하는 어떤 환경도 벗어버릴 수 있고 또 벗어버려야 한다고 확신했다. 하워드는 인간 간 협력과 자연과의 접촉을 일상생활의 근간으로 삼는 도시계획 과업을 상상력이 풍부하고 정의로운 계획가에게 맡겼다. 계획가는 새로운 사회의 진정한 건설자였다. 하워드의 계승자들에게는 이러한 역할에 따른 책임이 지나치게 컸기에 이들은 스스로를 복지국가를 위한 기술자로 재정립하고자 애썼다. 하워드만큼이나 야심적인 계획을 구상해서 완성한 사람은 천재적인 건축가 프랭크 로이드 라이트Frank

Lloyd Wright와 르코르뷔지에 두 명뿐이었다.

(5) 하워드 사상의 사회적 파급효과

주지하다시피 전원도시협회는 공공 당국이 주도하는 도시계획을 옹호하고 1909년 '존 번스 법John Burns's Act'으로 그 주장의 실체를 드러내면서 전원도시·도시계획협회Garden Cities and Town Planning Association로 명칭을 바꾸었으며, 1941년에는 다시 도시·농촌계획협회로 개칭했다. 양차 세계대전 사이에 이 협회는 발로 왕립위원회Barlow Royal Commission를 발족시키고 「다수 및 소수 보고서Majority and Minority Report」를 작성했다.

1940년 「발로 보고서Barlow Report」가 발간되고 1940년과 1941년 사이 독일군의 공습으로 폐허가 된 도시 지역의 재개발 가능성에 관심이 쏠리면서 마침내 하워드의 책에 담긴 원리들이 영국 사회에 받아들여지기 시작했다. 영국 정부는 과밀도시의 과밀 완화 원칙, 새로운 삶과 일터의 중심지로 산업과 인구를 분산한다는 원칙, 넓은 농촌 지역을 보존하고 도시를 분리하는 그린벨트 지정의 원칙 등 하워드가 '사회적 도시'라는 개념에서 예견했던 도시와 농촌의 개발 유형을 공식적으로 수용하면서 1947년 '도시 및 농촌계획법Town and Country Planning Act'을 제정했다.

(6) 하워드 사상의 전망

하워드가 주창한 전원도시론 이후 20세기 초 도시계획의 요체는 '도시와 농촌의 결합'이었다. 그 결과 제2차 세계대전 이후 '신도시 이론'이 완성되었다. 신도시는 거주자들로 하여금 자족적 커뮤니티로 구획된 경계 내에서 생활이 완결되도록 짜인 구조이다. 제2차 세계대전 이후 서구는 오늘날 우리가 대도시 주변에서 목도하는 것처럼 교외지가 팽창되는 시기를 맞았다. 그러나 자동차 시대의 도래와 더불어 사람들은 예전보다 광역적 차원에서 살게 되었으며, 고용·소비·여가는 더 이상 신도시 영역 안에서만 이루어지지 않았다. 이 같은 상황의 변화로 1945년 이후 서구에서는 신도시 건설을 통해 분산화를 시도하는 자족적 커뮤니티라는 전원도시의 이상을 낡은 모델로 치부하게 되었고, 성공적인 것으로 여겨지던 신도시들은 급속한 고령화와 출산율 저하, 도심으로의 회귀, 정보화의 영향으로 골칫거리로 전락했다. 하워드의 자족적 커뮤니티에서 출발한 신도시 개념은 이제 내일을 대비하기에는 너무 낡은 어제의 도시Yesterday's City of Tomorrow가 되어버린 것이다.

그렇다면 하워드의 전원도시 전통은 도시계획사에서 빛바랜 하나의 장으로만 남아야 할까? 결코 그렇지 않다. 도시와 농촌의 결합에 기초한 신도시 모델은 전원도시의 전통 중 한 단계에 불과하기 때문이다. 하워드의 사상은 광역적 분산화라는 새로운 조류에 부응하기 위해 이제 신도시를 넘어 내일의 도시를 건설하기 위한 새로운 모델로 재구축되어야 한다. 하워드가 주창한 전원도시 개념의 가치를 부정하는 사람은 오늘날 없을 것이다. 그러나 이러한 성과가 하워드 개인의 노력에 의해서만 이루어진 것은 아니며, 그가 구상한 최초의 개념이 아무런 수정도 거치지 않고 지금까지 전해 내려온 것도 아니다. 모름지기 발명품이란 이용자가 사용함으로써 발전하고 진화하는 것이다. 이와 마찬가지로 약 100년 전에 발명된 전원도시의 핵심 명제는 현재까지 꾸준히 진화해 왔으며, 21세기 도시 문명 속에도 생명력을 유지하면서 계속 진화해 갈 것이다.

2) 패트릭 게디스와 패트릭 애버크롬비

에든버러대학교의 사회학과 식물학 교수 패트릭 게디스Patrick Geddes (1854~1932)는 생물학을 기초로 사회학을 전개해 생물학을 실천하는 마당을 도시계획에서 찾았다. 그는 1892년 도시계획에 대해 '도시생활을 총체적으로 연구함으로써 한 존재로서의 인간의 총체적인 모습을 파악해 사회적·경제적 개선을 동시에 추구하는 학문'이라고 정의했다. 그는 1904년『도시개발Town Development』이라는 제목으로 첫 저서를 발간했으며, 1910년에는 에든버러에서 도시계획 전시회를 개최했다. 게디스는 전시회를 통해 지리적 환경, 풍토, 기상학적 현상, 경제의 순환과 역사적 유산을 중요하게 고려해 도시 상태에 대한 질서정연한 진단과 처방의 틀을 마련하고 이를 분석한 결과 및 제안을 발표했다.

게디스가 도시계획에 이바지한 점은 프랑스에서 발전한 인문지리학의 성과를 도시계획에 원용했다는 것이다. 프랑스 사회학자 르프레이P. G. F. le Play는 프랑스의 인문지리학자 비달 드 라 블라슈Vidal de la Blache와 알베르 드망종Albert Demangeon이 발전시킨 인문지리학의 전통을 근간으로 장소place, 일work, 민속Folk 간 관계를 통해 인간을 연구했는데, 게디스는 이러한 르프레이의 연구에 정통했다.

게디스는 계획을 수립할 때 르프레이의 작업 방식을 따랐다. 게디스의 방법론은 인문지리학의 방법론을 원용해서 특정 지역의 특징과 경향을 먼저 조사·분석한 뒤 분석 자료에 입각해서 계획을 수립하는 것이었다. 게디스는 계획을 수립하기 전 도시에 대해 철저하게 조사를 실시한 최초의 사람으로 평가받는다. 1914년에 게디스는 인도의 캘커타와 마드

라스를 비롯한 일부 도시의 실태조사에 자신의 이론을 적용한 후, 밀집되고 황폐한 시가지를 도시정비를 통해 재개발하기보다 상세한 지구조사에 기초해 원상태로 회복할 것을 제안했다. 그는 전통 생물학에서 인간생태학의 영역으로 연구를 진척시켜 나갔다. 게디스는 인간과 환경 간 관계를 연구했는데, 자신의 대작『진화하는 도시Cities in Evolution』(1915)에서는 현대 도시의 성장과 변화를 결정하는 힘에 대해 체계적으로 연구함으로써 연구의 절정기를 맞았다. 이 책에서 게디스는 도시가 성장하면 그 도시가 갖고 있는 입지적 요인으로 인해 도시의 확산이라는 교외지 개발이 뒤따르고 궁극적으로는 거대한 도시 집적체나 '연담 도시화conurbation'가 나타난다고 보았다.

하워드의 경우처럼 게디스의 성과를 이해하기 위해서는 게디스의 저서를 시대적 맥락에서 이해해야 한다. 인문지리학은 비달 드 라 블라슈, 알베르 드망종 같은 학자의 연구 덕에 20세기 첫 10년 동안 프랑스에서 매우 정밀하게 발전했다. 그러나 게디스는 사회학자 르프레이와의 협동 작업을 통해 지역 경제의 성격을 규명했고 인간의 정주지와 토지 간 관계를 강조했다. 르프레이 연구의 유명한 3대 요소, 장소 – 일 – 민속 간 관련성은 토지 위에서 살아가는 존재인 인류에 대한 근본적인 연구라 할 수 있다.

게디스가 도시계획에 미친 공헌은 현실에 대한 체계적인 연구를 바탕으로 계획을 수립함으로써 계획 수립의 기본 틀을 제시했다는 것이다. 예컨대 그는 지방 환경의 한계와 잠재력에 비추어 지방 경제 체계와 정주 형태를 분석했다. 이러한 관점을 통해 그는 계획의 전통적인 한계를 뛰어넘어 계획의 기본적인 틀로서의 자연 지역을 강조했다. 오늘날

학교에서 학생들이 인문지리학의 기본 원리를 배울 때에는 이런 점이 너무도 자명하고 친숙하지만, 그때만 해도 계획 분야에서의 계획이 전문 기술자의 영역으로 국한되었고 도시계획은 도시설계를 위한 연구로만 인식되었으므로 당시로서는 게디스의 저서가 가히 혁명적이었다. 게디스는 지역이라는 골격에 현실이라는 살을 붙였다. 인문지리학이 계획의 토대가 되는 순간이었다. 게디스의 방법론은 한 지역의 특징과 경향을 조사하고, 조사한 사실을 분석하며, 분석을 토대로 계획을 수립하는 것이었다. 논리적으로 계획의 구조를 제시한 게디스의 방법론은 계획의 표준이 되었다. 그러나 게디스의 공헌은 거기서 멈추지 않았다. '진화하는' 도시에 대한 게디스의 분석은 당시로서는 참신한 결론에 도달했다.

교외지로의 도시의 분산화는 이미 당시에도 도시가 더욱 광범위하게 확대되는 원인이었다. 영국의 웨스트 미들랜드West Midlands, 랭커서, 센트럴 스코틀랜드Central Scotland, 독일의 루르Ruhr 탄전 같은 지역에서는 이미 특수한 핵심적 입지 요소로 인해 도시개발이 집중되는 현상이 나타났다. 게디스는 이러한 특수한 입지 요소로 인해 이 지역들에서는 교외지가 성장하는 과정에서 모도시를 중심으로 한 거대한 도시 집적체 또는 연담 도시화가 나타났다는 사실을 입증했다. 게디스는 이런 일이 경제적·사회적 압박하에 일어났고 앞으로도 발생할 것으로 예상되기 때문에 도시 지역 전체를 대상으로 한 도시계획은 주변의 다른 많은 도시와 그 주변의 도시 영향권까지 포함해 수립해야 한다고 결론 내렸는데, 이러한 결론은 논리적으로 매우 타당했다.

게디스의 추종자인 루이스 멈포드Lewis Mumford[3]가 자신의 저서 『도시의 문화The Culture of Cities』(1938)에서 게디스에 대한 지지 의사를 밝힘에

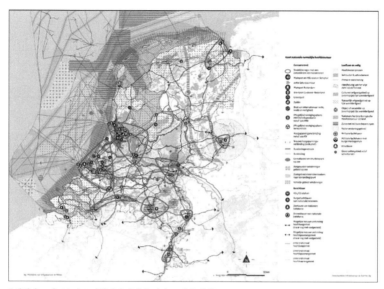

┃ 네덜란드 란트스타트 지역에서 나타난 연담 도시화 사례
자료: https://www.flickr.com/search/?text=Image%20for%20the%20conurbation%20netherlands

따라 게디스의 아이디어는 계획가와 행정가들로부터 두터운 신임을 얻었다. 언윈은 런던과 그 주변 지역을 위한 자문계획을 준비할 당시 이미 런던에서 주변 농촌 지역의 위성도시로 사람과 일자리를 대대적으로 분산시키는 계획안에 게디스의 개념을 적용했다.

한편 패트릭 애버크롬비Patrick Abercrombie(1879~1957)는 영국 정부의 요청으로 1944년 '런던대권계획Greater London Plan'을 수립했는데, 이 계획

---

3   루이스 멈포드는 도시, 건축, 기술, 문학, 현대사회에 대한 저술로 국제적인 명성을 얻었다. 그는 문학비평, 건축비평, 도시사와 문명뿐만 아니라 지역계획, 환경주의 등에도 기여한 20세기의 지성인으로 평가받고 있다. 우리에게는 『역사 속의 도시(The City in History)』로 잘 알려져 있다.

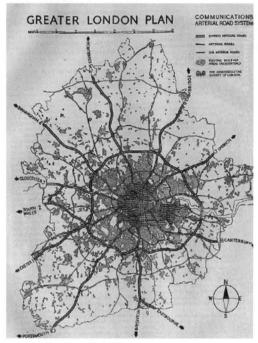

❚ 애버크롬비가 1944년 수립한 '런던대권계획'
자료: https://www.flickr.com/search/?text=Abercrombie%20Greater%20London%20plan%20

은 하워드로부터 영향을 받았다. 그러나 애버크롬비의 뛰어난 점은 하
워드에서 게디스를 거쳐 언윈에 이르는 복잡한 아이디어들을 통합해 반
경 30마일에 달하는 광활한 면적을 대상으로 인구 1000만 명 이상의 대
단위 지역을 위한 미래의 청사진을 만들었다는 것이다. 이러한 대단위
지역에 대한 폭넓은 계획의 목적은 본질적으로 하워드의 목적과 동일했
다. 즉, 과밀한 대도시로부터 수십만 명씩 계획적으로 분산시키고, 계획
적으로 건설한 새로운 공동체에 그들을 수용하며, 그러한 공동체를 그
들에게 거주지뿐 아니라 일자리까지 제공하는 자족적 도시로 만드는 것

이 '런던대권계획'의 목적이었다. 이러한 목적을 달성하기 위한 방법은 게디스에게서 빌려왔다. 지역의 역사적 경향을 염두에 두고 현재의 모습을 조사하고 도출된 문제에 대해 체계적으로 분석한 뒤 계획을 세웠다. 그러나 빼어난 연구 성과와 개성이 넘치는 주장으로 가득 차 명쾌하고 풍자적이기까지 한 '런던대권계획'은 본질적으로 애버크롬비의 작품이었다. 종합하자면, 영미 계획 이론과 실제에서 애버크롬비가 가장 크게 공헌한 바는 도시계획을 보다 넓은 스케일로 확장시켰다는 것이다. 그는 전원도시 아이디어를 런던에 적용해서 농촌벨트를 보존하고 8~10개의 새로운 위성도시를 건설할 것을 제안했다.

3) 레이먼드 언윈과 배리 파커

1900~1940년 동안 하워드의 많은 아이디어는 그의 열렬한 추종자들에 의해 발전되었다. 그중에서도 하워드의 아이디어를 가장 열렬하게 전파한 사람은 프레더릭 오스본Frederic Osborn[4]경으로, 그는 제2차 세계대전 이후 영국에서 건설된 신도시들을 평가하기 위해 직접 신도시로 이주해서 살았다. 한편 레이먼드 언윈Raymond Unwin(1863~1940)과 그의 조수 배리 파커Barry Parker(1867~1947)는 1903년 최초의 전원도시인 레치워스를 설계한 건축가였는데, 그들은 1906년 런던 북서쪽에 있는 골더스

---

4 프레더릭 오스본은 하워드의 전원도시에 감명을 받아 하워드가 설립한 하워드 코티지회(Howard Cottage Society)의 서기로 근무했으며, 하워드가 웰린 전원도시 공사에 착수할 때 하워드와 함께 그곳으로 이주해 웰린 전원도시 소장을 역임했다. 그 후 평생 전원도시운동을 홍보하는 일에 종사하며 살았다.

그린Golders Green에 햄스테드 전원교외지를 건설하기도 했다. 그러나 이곳은 이름이 말해주듯 전원도시가 아니라 1907년에 개통된 신설 지하철 노선에 의존한 기숙형 교외지였다. 이곳은 전원도시 지지자들로부터 많은 비난을 받았다. 그러나 햄스테드 전원교외지는 사회적으로 다양한 계층으로 이루어진 공동체를 형성했으며 드넓은 고급주택에서부터 자그마한 오두막에 이르기까지 온갖 형태의 주택이 혼재한 흥미로운 실험이었다. 그리고 이처럼 다양한 계층을 위한 다양한 주택은 매우 기술적으로 설계되어 서로 적절하게 조화를 이루었다. 이곳의 설계는 20세기 영국 도시설계 역사에서 하나의 작은 승리로 꼽힌다.

배리 파커는 더욱 야심차게 사업을 추진해 1930년 맨체스터 시 남쪽 위센쇼Wythenshawe에 인구 10만 명을 위한 새로운 공동체를 설계했다. 위센쇼는 레치워스와 웰린에 이어 제2차 세계대전 이전에 영국에서 건설된 세 번째 전원도시라 할 수 있다. 이 신도시는 레치워스나 웰린의 본질적인 특징을 모두 가지고 있었다. 즉, 신도시 주변의 그린벨트, 산업과 주거지역의 혼합, 그리고 높은 수준의 설계가 돋보이는 단독주택이라는 특징을 지니고 있었다. 햄스테드 전원교외지와 위센쇼의 자매와도 같은 유사성은 동시 발생적이라는 것 이상의 의미를 지니고 있다. 그러나 이 신도시는 자족성의 원칙에 대해서는 일보 후퇴했다. 대부분의 거주자가 자신들의 일터가 있는 도시에서 이주한 관계로 거주자들이 통근할 수 있도록 대중교통을 제공했기 때문이다. 그러나 파커의 본래 의도는, 완전히 실현되지는 않았지만, 신공동체가 폭넓은 일자리를 제공하도록 만드는 것이었다.

언원과 파커는 에버니저 하워드의 아이디어를 수정하고 또 발전시컸다. 1912년에 발간되어 커다란 반향을 불러일으켰던 책『과밀로는 아무것도 얻을 수 없다!Nothing Gained by Overcrowding!』에서 언윈은 주택이 당시에 통용되던 것보다 훨씬 낮은 밀도로 개발되어야 한다고 주장했다. 그는 공공을 위한 공지는 인구수와 관련이 깊으며 도시 밀도를 높여서 토지 공간을 절약한다는 것은 대부분 허상에 불과하다고 지적했다. 언윈은 신흥 주거지역에 에이커당 12호 정도의 밀도를 제안했는데, 이는 당시의 평균 가족의 규모를 고려하면 에이커당 50~60명 정도를 추천한 셈이었다. 이 기준은 1918년 중요한 공적 보고서인「튜더 월터 주택 보고서」에 받아들여져 1920년대와 1930년대에 지어진 대부분의 공공주택안에서 통용되었으며, 위센쇼안에도 이 밀도가 적용되어 건설되었다.

언윈은 하워드의 아이디어로부터 토지의 이용과 개발을 통제하는 수법을 개발해 도시계획 운동사에 크게 이바지했다. 또한 빅토리아 시대의 이상주의적 사회·주택 개혁가인 하워드의 아이디어를 20세기에 도입해 중앙정부가 제공하는 공공주택 프로그램으로 발전시켰다. 언윈의 목적은 노동자 계층을 위해 건강과 복지 및 쾌적성이 확보된 공동체를 조성하는 것이었다. 언윈은 주거와 환경의 전통적인 관계를 바꾸어 단조로운 영국의 조례주택을 에이커당 12호의 저밀도에 정원이 딸린 주택으로 바꾸었다. 언윈과 파커는 손을 잡고 하워드의 아이디어라는 골격에 옷을 입혀 하워드의 비전을 실현시켰으며 노동자 계층을 위한 저밀도 주거를 제공하는 데 성공했다. 언윈과 파커의 성공 사례는 다음과 같다.

(1) 뉴 어스윅

뉴 어스윅이 거둔 주요한 성과는 저밀도의 주거 배치를 실현했다는 점이다. 언윈과 파커는 지형을 기능적으로 이용해서 주거지에 대한 요구를 수용했다. 언윈과 파커는 환기와 채광 및 사생활의 보호까지 고려해 주택을 설계함으로써 주거 수준을 끌어올렸다. 뉴 어스윅을 위해 1904년에 계획한 주거의 밀도는 에이커당 평균 10호였다. 또 정원의 평균 규모는 거주자가 여가시간에 삽으로 경작해 쉽게 수익을 올릴 수 있는 토지 규모인 350제곱야드로 결정되었다. 어떤 주택의 건축면적도 택지의 1/4 이상을 넘을 수 없었으며, 여유 면적과 도로 면적을 포함해서 에이커당 10호로 밀도가 배분되었다. 언윈이 개발한 '에이커당 10~12호'라는 저밀도 명제는 1912년 명제의 기준을 넘어서 실현되었다. 주택 운동사에서 뉴 어스윅이 갖는 중요한 의미는 지자체 개혁 운동의 성과로 제정된 건축조례에 따라 건축된 조례주택(측면을 붙여 일렬로 건축한 이른바 테라스 주택)보다 향상된 형태로 주택을 배치했다는 것이다.

(2) 최초의 전원도시 레치워스

1901년에는 하워드의 『내일: 개혁에 이르는 평화로운 길』에 대해 토론하기 위해 전원도시 회의Garden City Conference가 개최되었다. 하워드는 도시의 과잉 인구와 농촌의 과소 인구를 해결하는 방안으로 소규모의 자족도시를 건설해서 인구를 분산시키자는 주장을 폈다. 하지만 주택 재건축과 도심지 재개발, 산업지역 재편 등 기존의 도시를 어떻게 처리할 것인지에 대해서는 언급한 바가 없었다. 언윈은 이와 같은 하워드의 약점이 도시 교외지의 개발로 보완될 수 있다고 생각했다.

하워드의 아이디어를 보완하기 위해 개최된 전원도시 회의에서 언윈이 제시한 아이디어는 인구와 산업을 분산하기 위한 정부 정책은 궁

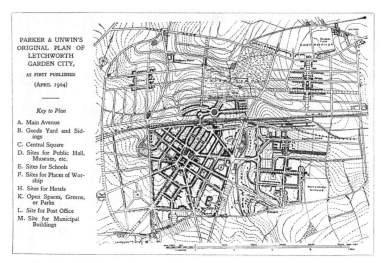

I 1903년 최초로 건설된 전원도시 레치워스의 배치도

자료: https://www.flickr.com/search/?text=Parker%20and%20Unwin%27s%20Letchworth%20garden%20City

극적으로 계획적 규제, 건축물의 높이 규제, 그린벨트, 그리고 신도시여야 한다는 것이었다.

최초의 전원도시인 레치워스는 런던에서 북쪽으로 30마일 지점에 있는 약 3800에이커 부지에 조성되었다. 계획에 따른 수용 인구는 3만 5000명이었으며, 그중 1/7은 농촌 지대에 배치할 계획이었다.

계획에는 용도지구에 의한 토지할당이 반영되었는데 부지 내 주택은 에이커당 12호로 배치했다. 레치워스 계획에서 언원과 파커는 르네상스 스타일과 바로크 스타일을 혼합해 광장과 가로를 배치했다. 이와 같은 레치워스 배치계획은 혁신적이었으며, 나아가 도시계획의 중요한 첫 걸음으로 평가받는다(조재성, 1996b: 85). 레치워스 개발은 법률적인 지원 없이 종합적으로 계획되었다.

이 계획은 영국 도시계획에서 자유방임적 도시성장에 대한 최초의 대응이었다고 할 수 있다. 또한 언윈은 전원도시에서 솔테어와 본빌처럼 공장 주위에 주택을 집중적으로 배치했다. 이와 같은 배치 방식은 1920년대 등장하는 근린주구 단위를 예고했는데, 미국에서 적용한 근린주구에서는 초등학교가 지구의 중심이었다.

파커와 언윈은 레치워스를 공장을 중심으로 하는 지구로 구획했는데 이는 오늘날 볼 수 있는 근린주구 배치와 비슷하다. 단지 배치와 관련해서는 녹지 주위로 주택을 집중적으로 배치해서 채광을 확보하고자 했다. 특기할 것은 레치워스의 테라스 주택은 일직선의 가로 형태가 아니라, 최초로 컬데삭을 따라 배치되었다는 점이다.

또 현대 도시계획 역사에서 레치워스는 민간 주도로 계획과 개발이 이루어졌다는 점에서 중요한 위치를 차지한다. 레치워스는 웰린 전원도시의 모형도시가 되었으며, 1945년 이후 정부의 지원을 받아 건설된 신도시들의 전형이 되었다. 또한 레치워스는 전 세계 도시계획 운동에 커다란 영향을 미쳤다.

언윈과 파커가 레치워스를 통해 도시계획 역사에 크게 기여한 또 다른 하나의 사실은 사전 조사에 기초한 계획 선을 따라 정주지를 개발하는 원칙을 수립했다는 점이다. 그들은 용도지역의 원칙을 수립하고 보행자를 위한 길과 차량을 위한 도로를 분리했는데, 이는 훗날 보차 분리 원칙의 초석이 되었다.

(3) 햄스테드 지역의 전원교외지

1890년대에 대도시가 교외화됨에 따라 나타난 도시의 연담화는 건

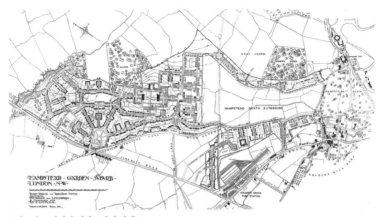

Ⅰ 햄스테드 지역의 전원교외지 설계도

자료: https://www.flickr.com/search/?text=Hampstead%20garden%20suburbs

축조례에 인해 단조롭고 비위생적이며 불결했던 시가지가 도심에서 교외까지 뻗어나가는 현상을 낳았다. 건축조례는 가로의 구성을 필요 이상으로 엄격하게 규제해 천편일률적인 가로 유형을 낳았다. 언윈은 건축조례에 따른 건축은 도로 건설비를 증가시켜 건축비를 대폭 상승시킨다고 보고 엄격한 격자 구성에서 탈피해 새로운 주택 배열을 제안했다. 조례에 따라 건축된 주택은 전면 폭에 비해 내부가 너무 깊어 집 안이 어둡고 침침했다. 또한 주택의 배열이 가로를 향해 마주보게 되어 있어 주택의 내적 기능과는 관계없이 형태가 일률적이므로 기능성이 떨어졌다. 언윈은 좁고 긴 평면 대신 정사각형에 가까운 모양을 주장했고 주택 외관에 대한 배려를 중시했다. 그러나 건축조례는 컬데삭을 용납하지 않았고 모든 도로는 서로 연결되어야 했다.

  햄스테드 전원교외지의 면적은 240에이커이며 부지 형태는 부정형이었다. 언윈은 주거지역을 조성하면서 레치워스 계획에서 처음으로 소개한 컬데삭 아이디어를 다시 원용했다. 언윈과 파커는 서비스 도로를 제공함으로써 안정감, 평온함, 사생활 보호, 저밀도의 주거지, 공동 사용 정원, 그리고 경제성을 고려한 주거지의 배치와 설계라는 새로운 아이디어를 개발했다. 그러나 언윈의 아이디어는 건축조례와 배치되었다. 특히 언윈의 계획은 그 당시 건축조례가 허용한 가로 기준과 방화 기준에 저촉되었다.

언윈은 지방 정부국 국장 존 번스John Burns의 지원을 받아 1906년 8월에 '햄스테드 전원교외지 특별법'을 통과시켰다. 특별법에 따라 법적으로 두 가지 새로운 원칙이 수립되었는데, 하나는 에이커당 건축할 수 있는 주택 수를 제한하는 것이고 나머지 하나는 최상의 개발을 위해 규제를 완화하는 규정이었다. 밀도는 규정에 따라 에이커당 8호를 넘을 수 없었다. 또 보도를 포함해서 폭 20피트인 구획도로를 만들도록 했으며 도로 길이가 500피트를 초과하지 않도록 했다. 도로의 폭과 상관없이 도로의 양쪽 끝에서 건축선 간의 이격 거리는 50피트를 초과하지 않도록 했다. 언윈은 '햄스테드 전원교외지 특별법'의 완화 조항에 따라 에이커당 12호의 밀도로 주택을 배치할 수 있었다.

한편 '햄스테드 전원교외지 특별법'은 개정되어 1909년 '주택 및 도시계획법'으로 통합되었다. '주택 및 도시계획법'은 최초의 성문법적 도시계획법으로 기존의 건축조례가 지닌 한계를 뛰어넘었으며, 지구별·노선별 건축 규칙과 특별 규칙을 통해 저층·저밀 주택지로 구성된 신시가지 형성을 촉진하는 제도의 기반이 되었다.

햄스테드는 교외가 아닌 듯한 교외였다. 당시는 전원도시garden city와 전원교외지garden suburb라는 용어가 많은 혼란을 불러일으켰다. 많은 전원도시 옹호자들은 전원교외지를 경멸한 반면, 전원교외지 옹호자들은 교외 거주자가 도시에 편익을 가져온다는 것을 깨달았다. 언원이 카밀로 지테Camillo Sitte[5]와 독일 도시계획의 영향을 받아 저술한『도시계획의 실제Town Planning in Practice』(1909)는 도시계획의 원칙과 도시 설계, 단지 계획에 관한 최초의 현대적인 연구서로, 제2차 세계대전까지 유럽과 미국에서 가장 영향력 있는 도시계획 지침서가 되었다.

언원은 도시 주거 수요를 분산하기 위한 하워드의 자족적 전원도시는 현실성이 떨어지며 도시 확장은 기존 도시의 경계에 인접한 교외지에서 이루어져야 한다고 생각했다. 그의 이러한 생각은 1912년『과밀로는 아무것도 얻을 수 없다!』,『전원도시 유형의 개발이 어떻게 소유자와 점유자 모두에게 이익이 될 수 있는가How the garden city type of development may benefit both owner and occupier』라는 저서를 통해 발표되었다.

언원의 주장은 전원도시의 원칙과 함께 1909년 제정된 '주택 및 도시계획법'을 반영한다. 가장 영향력이 큰 저서인『과밀로는 아무것도 얻을 수 없다!』에서 언원은 에이커당 12호의 주거 밀도는 경제적으로도 타당하며 인구를 분산하려면 전원도시 형태가 아니라 양호한 교통시설로 연결되는 대도시 근교의 전원교외지 형태여야 한다고 주장했다.

그 후 언원은 1918년 발간되어 20세기 영국의 도시계획에 가장 큰 영향을 미친「튜더 월터 주택 보고서」작성에 참여했다.[6] 보고서는 주

---

5   오스트리아 건축가이자 화가, 도시계획 이론가로, 유럽의 도시 건설계획에 커다란 영향을 미쳤다. 저서로는『예술적 원칙에 따른 도시계획(City Planning According to Artistic Principles)』이 있다.

6   1919년 이후 실시된 영국의 주택정책은 1917년 정부가 위촉한「튜더 월터 주택 보고서」에 담겨 있는 내용의 영향을 받았다. 보고서에 담긴 내용은 주택 공급을 책임지고

택 간의 인동간격은 최소 70피트여야 하며, 개발은 완전 자족적인 전원 도시가 아닌 반자족적인 위성도시의 형태를 취해야 한다고 제시했다. 또한 정원이 있어야 하며, 여가 공간으로 뒷마당이 배치되고 어린이의 안전을 위해 컬데삭이 마련되어야 하며, 주거 밀도는 도시 지역은 에이커당 12호, 농촌 지역은 8호를 초과하지 않아야 한다고 보고했다. 이로써「튜더 월터 주택 보고서」는 언윈의 승리를 선언했으며, 여기서 하워드가 수행한 전원도시 전도사로서의 역할은 막을 내린다.

언윈의 영향력은 해외에까지 미쳤는데, 특히 미국의 계획가 클래런스 스타인과 헨리 라이트는 언윈의 영향을 받아 뉴욕의 서니 사이드 가든Sunny Side Gardens과 뉴저지의 래드번을 계획했다. 설계 차원에서도 햄스테드는 중요한 의미를 지닌다. 햄스테드의 단지계획은 정원에서 출발해서 공유지로, 궁극적으로는 대가구Superblock나 근린주구로 그 개념이 확장되었기 때문이다.

최초의 현대적인 도시계획가였던 언윈은 친구인 게디스의 조사 – 분석 – 계획이라는 도시계획의 방법론을 처음으로 실행에 옮긴 사람이었다. 나아가 그는 오늘날 정부 입법의 전형인 개발규제 기법을 고안하고 실천에 옮긴 인물이기도 하다.

언윈은 파커와 함께 새로운 공동체는 폭이 넓은 그린벨트로 에워싸야 한다는 하워드의 원칙을 일관되게 따랐다. 1920년대 말 런던지역을 위한 지역계획에서 사용된 언윈의 그래픽 용어는 본래적 의미로 본다면 그린벨트로 둘러싸인 도시가 아닌 공지를 배경으로 한 도시를 일컫는다

있는 지방정부위원회가 채택했다.

고 해야 할 것이다. 파커는 이 개념을 발전시켰다. 이쯤에서 파커를 짚고 넘어가야 한다. 파커는 1920년대 미국을 방문했을 때 조경이 잘된 드넓은 벌판을 관통하는, 경관이 훌륭한 공원도로parkway를 건설하는 초기의 실험을 목도하고 깊은 인상을 받았다. 파커는 도시 간의 공지에 각 도시의 도심지를 관통해 연결하는 공원도로가 놓여야 한다고 주장했다.

사실상 그가 주장한 공원도로는 도시 간 내부순환 철로라는 하워드 고유의 아이디어를 자동차 시대에 걸맞도록 차용한 것이다. 그는 실제로 위센쇼를 관통하는 공원도로를 건설하고자 무진 애를 썼다. 훗날 파커의 공원도로는 M56 북체셔 모터웨이M56 North Cheshire Motorway로 결실을 보았다.

끝으로 파커는 미국에서 다른 개념도 도입해 위센쇼에 적용했는데, 이는 하워드의 아이디어를 논리적으로 발전시킨 결과이기도 했다. 즉, 도시의 여러 부분을 서로 조립되는 근린주구 단위로 나누자는 아이디어였다. 실제로 완공된 위센쇼의 평면도는 파커의 아이디어로부터 영향을 받았음을 보여주고 있다.

4) 클래런스 페리, 헨리 스타인, 헨리 라이트

미국에서는 도시미화 운동 이후 도시계획에 대한 관심이 급신장했다. 계획에 입각해 건설된 뉴저지의 래드번 주거지는 영국의 전원도시 이론으로부터 영향을 받았다. 래드번 계획은 주거지의 설계 측면에서도 집합 주거의 새로운 대안을 제시했으며, 근린생활권도 합리적으로 조직되었다. 결과적으로 래드번은 대도시 체증을 부르는 교외지 성장에 대해 계획적인 해결방안을 제시한 개념이라고 평가할 수 있다. 처음에는 래드번 계획안이 미국 계획의 전통적 흐름 속에서 과소평가된 면이 있었으나[7] 완공 후 래드번은 세계 각국이 신도시 계획을 수립할 때 지속적으로 개선해서 수용하는 사례가 되었다.

19세기 말부터 20세기 초에 이르기까지 산업혁명의 영향에 힘입어 일어난 도시화의 거센 물결은 미국에서도 예외가 아니었다. 대중교통 수단이 획기적으로 발전하면서 사람들의 왕래가 빨라지고 인구가 급격하게 증가했는데, 특히 도시인구의 증가는 가히 폭발적이었다.

도시로 인구가 집중되면서 도시는 과밀해졌다. 산업의 발달과 경제성장, 그리고 전국에 걸친 도로망 체계의 구축은 도시를 주변부로까지 외연적으로 확장시켰다. 이처럼 미국 도시의 성장과 과밀이 빚은 무질서는 현대 도시계획의 목표인 쾌적성의 확보가 얼마나 중요한지에 대한 새로운 자각을 불러일으켰으며 물리적 환경의 재조직화라는 시대적 과제를 낳았다.

---

7 래드번 이후 미국의 공공주택(public housing)은 FHA(Federal Housing Association)에 의해 주도되었다. FHA는 래드번 계획안의 집합주택(cluster housing)과 복합용도 (mixed uses)를 허용하지 않았다. 또한 공공계획 프로그램(public planning program)이 확대되면서 계획운동은 ASPO(American Society of Planning Officials)가 주도했다. ASPO 역시 대단위 개발에는 동의했으나 집합대가구제(clustered superblock)는 채택하지 않았다. 오히려 단일 필지 개발이나 개인의 대규모 주거지역 같은 반래드번 정책을 촉진시켰다. AIP(American Institute of Planners)는 래드번의 전원도시 아이디어를 계획이론으로 발전시켰으나 이 이론은 미국의 유토피아적 계획으로 치부되었다. 특히 토지 개발업자나 시 관리는 래드번의 대가구제, 복합용도 주거단위, 고용기회의 제공 등의 요소보다는 단순하고 비용이 적게 드는 택지분할(land subdivision) 방식에 관심을 기울였다. 반면에 근린주구 원칙에 기초한 대가구제는 전후 미국의 계획 개념에 폭넓게 채택되었으나, 여기서도 래드번의 저밀도 근린주거지 개념은 정치적·경제적·법률적 고려에 밀려 고층 건물을 허용하는 고밀도 개념으로 왜곡되었다.

산업혁명 이전, 바로크 시대의 이상 도시에서는 계획단위가 도로였다. 이처럼 도로의 배치가 생활공간의 배치보다 우선시되었다. 도로망을 계획하면서 자연스럽게 생기는 땅을 생활공간이 차지했으나, 전원도시 운동 이후에는 근린주구가 계획단위로서 우선적인 고려의 대상이 되었다. 클래런스 페리Clarence Perry(1872~1944)[8]가 주창한 근린주구 이론은 자동차 시대에 적합한 이론으로 정립되어 현대 도시계획에 지대한 영향을 미쳤다. 래드번을 개발하게 된 시대적 배경을 보면 근린주구 이론이 미친 영향을 잘 알 수 있다. 19세기 말부터 20세기 초까지 미국 도시에서 나타난 큰 변화 중 하나는 짧은 기간 내에 자동차가 획기적으로 보급되었다는 사실이다. 한 조사에 따르면 1895년 겨우 5대에 불과했던 자동차가 30여 년 후인 1928년에는 2130만 대로 증가했다.

미국 식민지 시대에 등장한 초기 도시들의 정주지 형태는 식민지 도시의 특징인 격자형 가로망 체계였다. 그러나 이 식민지 도시구조 위에 자동차의 편리성을 강조한 격자형 가로망 체계가 급속하게 보급되었다. 격자 가로망 형태의 도로 체계는 차량 우선 통과를 허용했다. 이로 인해 주거지의 평온하고 조용한 휴식과 안정성은 사라졌다. 주택의 문 앞까지 차량 체증과 주차 문제가 빚어졌고, 자동차 경적소리, 매연가스, 먼지는 주거지의 일상이 되었다. 또 공원까지 주차장으로 바뀌었다. 보행자는 1마일에 20회 이상 자동차 도로를 건너야 했으며, 어린이는 놀이터가 없어 도로변에서 놀아야 했고, 자동차 사고로 인한 사망자가 사망

---

8   미국의 도시계획가이자 사회학자, 교육자이다. 뉴욕시 도시계획과에서 근무했으며, 근린주구 개념을 이론적으로 창안하고 전파하는 데 크게 노력했다. 그의 아이디어는 래드번의 근린주구에서 실현되었다.

순위 1위를 기록했다. 따라서 자동차 시대에 어린이들이 자동차 도로를 건너지 않고 학교에 갈 수 있고 도로와 공원이 조화롭게 배치되는 도시를 건설하는 것은 전원도시를 통해 하워드가 꿈꿨던 이상과 지향점이 같은 것으로 받아들여졌다.

도시 내부구조 계획과 계획이론을 매개하는 데 페리의 근린주구 이론만큼 큰 영향을 미친 이론도 없을 것이다. 래드번 계획의 중심 개념, 즉 초등학교를 중심으로 하면서 간선도로의 경계를 공동체의 일개 단위로 묶는 근린주거 이론은 페리의 '뉴욕 대도시권 현장조사' 결과로 탄생했다. 페리는 공동체의 형성과 유지에 관한 사회학 이론을 발전시켰다. 그는 1913~1937년 뉴욕에 본부를 둔 러셀재단의 공동체 계획가로 활동했다. 미국 사회학자 찰스 호턴 쿨리Charles Horton Cooley는 친밀한 대면 모임face to face association과 협동이라는 특징을 지닌 1차 집단의 중요성을 강조했는데, 페리는 그에게서 영향을 받았다고 평가된다.

페리는 현대 도시의 과밀하고 분업화된 사회구조에서는 1차 집단의 친밀감이 개인의 사회성과 공동체의 유대감을 형성하는 데 중요하게 작용한다고 생각했다. 또한 그는 정치적·도덕적 단위로서 근린주구를 활성화하는 데 주목했다. 그는 학부모의 참여를 통해 초등학교를 공동체의 중심으로 발전시키는 운동에 참가했다.

당시 미국 사회는 이민자들을 사회적으로 통합해야 하는 특수한 과제를 안고 있었다. 페리가 이에 대한 해결방안으로 근린주구 개념을 모색한 것은 우연이 아니었다. 페리는 1911년부터 러셀재단에 의해 개발된, 맨해튼에서 9마일 떨어진 포레스트 힐 가든Forest Hill Gardens에 거주하면서 주민 면접조사를 진행했는데, 이 조사를 통해 하나의 단위로서 근린주구를 형성하는 것이 주민의 근린의식 형성에 중요한 역할을 한다는 점을 발견했다. 특히 그는 미국 이민 1세대와 2세대의 사회적 통합 및 사회화 과정에 관심이 많았는데 포레스트 힐 가든에서 관찰한 결과 물리적 계획 및 설계가 주민의 근린의식 형성에 큰 영향을 미친다는 사실을 깨달았다.

페리는 간선도로를 경계로 자동차 사고의 위험을 방지할 수 있으며 사람들의 동선이 단절되지 않도록 순환도로로 둘러싸인 공간을 만들어서 일상생활의 마당으로 활용할 수 있다고 주장했다. 그의 구상은 근린주구 단위의 면적과 인구, 중심에서 경계까지의 거리, 물리적 시설의 규모 결정으로까지 발전했으며, 공동체의 기능을 뒷받침하는 공원의 수, 배치의 원칙을 결정하는 데까지 나아갔다. 20세기 자동차 시대에는 초등학교를 관통하는 교통을 배제하는 근린주구가 현대 도시에 적합한 공동체 형태인데, 이러한 사실은 이후 신도시 건설에서 입증되었다.

미국지역계획협회Regional Planning Association of America는 클래런스 스타인Clarence Stein(1882~1975)의 주도로 탄생했다. 1933년까지 활동한 협회의 아이디어와 사상은 미국뿐만 아니라 20세기 후반 세계 각국의 도시정책과 도시계획, 도시건설에도 지대한 영향을 미쳤다. 미국지역계획협회에 헨리 라이트Henry Wright(1878~1936)가 참가하면서 스타인과 라이트의 공동 작업이 가능해졌다. 특히 라이트는 공지를 많이 공유하는 집합주택을 효과적으로 배치하는 데 관심이 많았다. 따라서 스타인과 라이트가 건설한 단지계획 서니 사이드, 래드번, 채텀 빌리지Chatham Villages는 1920~1930년대 미국에서 가장 우수한 계획안으로 평가받는다.

스타인과 라이트는 1928년에 래드번 전원도시를 건설하면서 하워드가 제시한 전원도시의 전통을 계승하고자 했다. 래드번에 적용된 근린주구 이론의 창시자 페리는 미국지역계획협회의 회원은 아니었지만 스타인과 라이트는 페리의 이론을 미국지역계획협회 활동의 이론적 기반으로 사용했으며 래드번 계획에 대해 페리에게 자문을 구했다.

래드번 계획이 등장한 배경으로는 서니 사이드 주거지 계획안을 빼놓을 수 없다. 맨해튼에서 5마일 떨어진 퀸스Queens 지역에는 77에이커에 달하는 서니 사이드 철도부지가 있었는데, 뉴욕의 한 도시주택 법인은 1924~1928년까지 미국지역계획협회가 제시한 저렴한 가격의 주택을 공급하기 위한 첫 번째 주거지 개발에 착수했다. 스타인과 라이트는 이곳을 관통하는 교통을 배제하기 위해 대가구제Super Block를 적용했다. 또 블록 내부에는 넓은 정원이 조성되도록 블록 단위의 계획안과 새로운 주택설계를 시도했다. 하지만 서니 사이드를 전원도시로 개발하는 데에는 실패했다.

반면 뉴욕에 인접한 뉴저지주 페어 론Fair lawn 지역에서는 신도시 래드번이 개발되었는데, 래드번은 교외 지역에 대한 계획 개념으로, 자동차 시대에 적합한 통과교통이 배제된 세 개의 근린주구를 갖춘 주거지 배치로 구상되었다. 즉, 인접한 뉴욕의 단조롭고 경직된 격자형 가로망 체계와는 대조되는 가로망 체계로 구상되었다.

서니 사이드 주거지 계획안은 래드번 건설을 위한 실험적인 계획으로 평가된다. 스타인은 서니 사이드 계획에 적용된 대가구제를 래드번의 주거지 배치단위로 채택했다. 스타인은 래드번 계획안을 작성할 때 서니 사이드의 문제점을 반면교사로 삼았다. 또한 주택 배치에서는 주택의 폐쇄적인 느낌을 배제하는 집합주택을 채택해 개별 주택단위의 앞

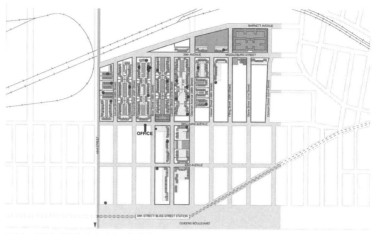

| 퀸스 지역에 건설한 서니 사이드의 배치도
자료: 필자 제공

마당이나 뒷마당을 없앴다. 라이트는 이러한 주택 형태를 아일랜드의 농촌주택에서 착안했다.

　래드번 계획은 미국의 계획 사조에서 일대 혁명이었다. 당시의 당면 과제는 자동차와 더불어 평화롭게 살아갈 수 있는 도시를 건설하는 것이었다. 서니 사이드 계획에서 채택한 격자형 가로망 형태는 자동차로부터 안전하게 생활환경을 지키기에는 한계가 있었다. 래드번 배치계획을 통해 이룬 스타인과 라이트의 가장 큰 성과는 보행자와 차량의 소통을 완전히 나누어 보차분리를 실현한 것이었다. 보행자와 차량을 분리해 차량으로부터 생활환경을 침해받지 않는 거주지를 만들었다는 점은 높이 평가해야 한다. 영국의 레치워스, 햄스테드, 웰린 같은 초기 전원 도시에서도 '막다른 도로 설계dead-end street design'가 사용되었지만 래드번에서는 가로 체계의 한 요소로 이를 폭넓게 채택했다. 또 페리가 강조

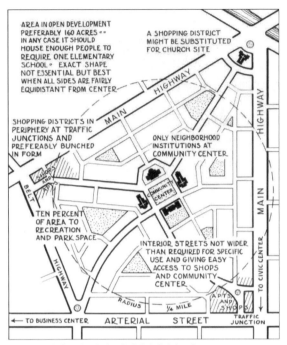

AREA IN OPEN DEVELOPMENT
PREFERABLY 160 ACRES ••
IN ANY CASE IT SHOULD
HOUSE ENOUGH PEOPLE TO
REQUIRE ONE ELEMENTARY
SCHOOL ∘ EXACT SHAPE
NOT ESSENTIAL BUT BEST
WHEN ALL SIDES ARE FAIRLY
EQUIDISTANT FROM CENTER

A SHOPPING DISTRICT
MIGHT BE SUBSTITUTED
FOR CHURCH SITE

SHOPPING DISTRICTS IN
PERIPHERY AT TRAFFIC
JUNCTIONS AND
PREFERABLY BUNCHED
IN FORM

ONLY NEIGHBORHOOD
INSTITUTIONS AT
COMMUNITY CENTER

TEN PERCENT
OF AREA TO
RECREATION
AND PARK SPACE

INTERIOR STREETS NOT WIDER
THAN REQUIRED FOR SPECIFIC
USE AND GIVING EASY
ACCESS TO SHOPS
AND COMMUNITY
CENTER

RADIUS   ¼ MILE

◄─ TO BUSINESS CENTER   ARTERIAL   STREET   TRAFFIC JUNCTION

HIGHWAY   MAIN   BELT   HIGHWAY   APTS AND SHOPS   TO CIVIC CENTER

I 근린주구 개념을 적용한 래드번 계획의 다이어그램
자료: https://www.flickr.com/search/?text=radburn%20plan

한 1차 집단의 중차대한 의미를 수용해 근린 주거지를 계획했다는 점도
평가에서 빠뜨려서는 안 된다. 현대 도시의 복잡하고도 단절된 생활환
경에서 근린 주거지의 이웃이 담당하는 역할이 중요하다는 페리의 지적
은 래드번 계획안의 주택배치에 그대로 반영되었다.

래드번은 2제곱마일의 면적에 2만 5000명의 인구를 수용하도록 계
획되었다. 서니 사이드에서 시도한 대가구제를 채택해서 통과교통을 배
제하기 위해 30~35에이커 규모의 범위 이내에는 통과교통을 금지했다.
또한 가로망 체계는 래드번을 통과하지 못하고 순환해서 진행하도록 계

획했다. 주택은 컬데삭을 따라 자연스럽게 집합주택이 형성되도록 했다. 래드번은 오늘날의 시각으로 보더라도 자동차 시대에 적합한 공동체의 전형이다.

라이트가 제시한 컬데삭 개념과 보행자 체계, 그리고 보행자 동선의 연속성을 보장하기 위해 지하차도를 통해 차량과 보행자를 입체적으로 분리하는 방식이 고안되었는데, 이 방식은 이후 신도시 건설과 도심의 쇼핑지구 재개발에서 광범위하게 채택되어 현대 도시계획에서 모범답안으로 자리매김했다(조재성, 1996b: 84).

이처럼 래드번은 20세기 도시계획의 이론과 전망에 크나큰 충격을 주었다. 래드번 계획의 경험은 실무 도시계획의 현장에 물리적 설계를 적용한 계획 개념의 모범사례로서 훗날 끊임없는 연구의 대상이 되었다. 앞서 살핀 대로 래드번은 정치적·경제적·사회적 환경의 영향에서 비롯되는 현대적인 과제에 대해 도시계획적 입장에서 해답을 제시했다고 할 수 있다. 래드번에서 제시된 계획 개념은 미국 연방정부의 주택지원 프로그램인 연방주택협회Federal Housing Association: FHA의 교본에 채택되어 미국의 도시개발 프로그램과 주택 프로젝트에 직접적인 영향을 미쳤으며, 이후 주거단지 배치계획에서 '래드번 시스템'은 보통명사로 사용되었다.

래드번 계획안에서 채택된 위계적인 교통망 체계, 대단위 개발수법, 공원배치 같은 계획 개념은 앞서 설명한 대로 20세기 도시계획의 기본원리로 사용되어 미국의 레스턴Reston, 버지니아Virginia, 컬럼비아Columbia, 메릴랜드Maryland, 미네소타Minnesota, 어빙Irving 등의 신도시에서도 약간의 수정을 거쳐 그대로 적용되었다.

래드번에서 주택지를 설계한 원리는 패트릭 애버크롬비의 '런던대권계획'과 할로Harlow를 비롯한 영국의 신도시 계획에서 채택되었다. 래드번의 근린주구론은 일본에도 영향을 미쳐 치사토千里 뉴타운에서 충실하게 적용되었으며 그 이론에 따라 대규모 주택단지가 계획되기도 했다. 미국지역계획협회를 통해 스타인과 라이트가 펼친 대활약과 페리의 근린주구 이론은 20세기 후반 서구 도시계획의 사상적 원천으로 작용했다.

5) 프랭크 로이드 라이트

영미 도시계획의 역사에서 빼놓을 수 없는 중요한 인물로 프랭크 로이드 라이트Frank Lloyd Wright(1869~1959)를 꼽을 수 있다. 그는 지금까지 개괄한 도시계획 발전의 특정 노선으로 분류하기에 마땅치 않다. 도시계획에 대한 라이트의 사상은 근본적으로 유럽 대륙학파의 사상과 합치되지 않기 때문이다. 도시계획에 대한 라이트의 사상은 현대 건축의 거장 르코르뷔지에와는 정반대의 극단에 서 있다고 할 수 있다.

라이트가 널리 알려지게 된 가장 큰 이유는 르코르뷔지에처럼 그가 설계한 건축물들 때문이다. 이 건축물 중 일부는 현대 건축 운동의 이정표가 되었다. 이 개별 건축물을 넘어서는 계획에 대한 그의 생각은 도상 작업에 그쳤으며, 르코르뷔지에와 달리 라이트의 사상은 유럽에서든 그의 조국 미국에서든 추종자들로부터 열정적으로 수용된 적이 없었다. 라이트의 유기적인 건축 사상은 그의 스승 루이스 헨리 설리번Louis Henry Sullivan에게서 비롯되었다.

라이트의 사상은 1950년에서 1960년대에 이르기까지 미국 캘리포니아의 도시계획 실무 종사자들에게 영향을 미쳤다. 라이트는 사회적 현상을 기반으로 자신의 사상을 발전시켰다.

라이트는 1890년대에 위스콘신 주정부에서 무상으로 불하해 준 토지 경작 농민들의 독립적인 생활방식을 보고 그런 형태가 바람직한 삶이라고 생각했다. 그는 당시 북미 농민들에게 자동차가 급속하게 보급되는 현상을 목도하고는 폭발적인 자동차 수요가 농촌 지역으로의 광범위한 도시 확산을 초래할 것으로 예상했다. 그는 나아가 장차 주택은 물론 일자리도 농촌 지역으로 확산되리라고 확신했다. 그는 이와 같은 도시의 확산에 대비해 완전히 분산된 저밀도의 도시개발 계획을 제안하고, 그런 도시를 브로드에이커 시티Broadacre City라고 명명했다. 라이트의 제안에 따르면, 주택은 곡물을 재배하기에 충분한 1에이커의 토지 위에 건축된다. 각 가정은 어느 방향으로나 쉽고 빠르게 이동할 수 있도록 이른바 초고속도로로 연결된다. 그는 이러한 고속도로를 따라 들어서는 주유소가 자연스럽게 주변 지역을 위한 대형 상점으로 성장하는 도로변 문명 계획을 제시했다. 그러므로 라이트는 실제 등장보다 20여 년이나 앞서 도시 외곽의 쇼핑센터를 예견한 셈이다. 실제로 라이트가 브로드에이커 시티에 대해 기술한 내용은 제2차 세계대전 이후 북미지역에서 나타난 전형적인 정주 형태와 기묘하게 맞아떨어진다.

(1) 브로드에이커 시티

1935년 4월, 프랭크 로이드 라이트는 록펠러센터에서 개최된 한 산업예술전시회에서 자신이 계획한 이상향 도시인 브로드에이커 시티의 정밀 축척 모형을 내놓았다. 부와 권력의 집중이 빚은 마천루의 정글에

▎라이트가 제안한 브로드에이커 시티의 모습
자료: https://www.flickr.com/search/?text=Broadacre%20city

서 라이트는 파격적으로 분산된 문명의 3차원적 단면을 최초로 보여주었다. 브로드에이커 시티에는 뉴욕처럼 규모가 큰 도시가 더 이상 존재하지 않으며, 대도시를 본부로 삼는 거대한 건물도 존재하지 않는다. '거대하게 지어진 거대한 모든 비즈니스'는 자취를 감추고 없다. 도시의 중심지가 없으며, 그러한 중심지는 필요하지도 않다. 라이트의 표현을 그대로 옮기자면, 도시는 "시골로 가고 없다".

브로드에이커 시티도 전원도시처럼 지방분산화의 원리를 적용한 모델이지만, 브로드에이커 시티의 지방분산화는 어찌나 대담한지 두 모델을 나란히 두고 보면 전원도시는 조용한 전통적 도시처럼 보인다. 지방분산화에 대한 하워드의 주장은 전원도시에 대한 논의 자체와 함께 중

단되었기 때문이다. 하워드가 도시와 농촌의 결합을 논하긴 했지만 그의 계획은 기존의 두 지역 간 분리를 그대로 반영하고 있다. 하워드가 제안한 도시는 분명한 경계선 내에서 모든 것이 조밀하고 대칭적이고 도시적이어서 한마디로 집중되어 있다. 그러나 라이트가 제안한 브로드에이커 시티 모형을 보면 도시는 찾아볼 수 없다. 지역의 중심지, 즉 자연계가 인간에 의해 지배되는 환경으로 추락하는 지점이 없다. 브로드에이커 시티의 지방분산화는 도시와 지방이 더 이상 구분되지 않는 지점에 도달한다. 브로드에이커 시티에서 인간이 만든 환경은 구조물이 자연적이며 풍경의 유기적 일부로 보일 정도로 시원스럽게 트인 시골의 대지 위에 널찍널찍하게 분산되어 있다. 또한 하워드나 언윈의 제안처럼 도농 간에 긴밀한 이웃 관계를 맺는 것이 아니라 벌판 한복판에 개별적인 자작 농장이 수백 개씩 널려 있는데, 각각의 농장은 내부 지향적인 가정생활과 경제생활을 특징으로 한다. 브로드에이커 시티에서는 자작 농장을 소유하는 것이 지배적인 삶의 양식이다. 각 시민은 자신이 사용할 수 있는 만큼의 대지를 사용할 권리가 있으며(1인당 최소 1에이커) 모든 사람은 최소한 파트타임 농부이다.

그러나 브로드에이커 시티는 생존 경제로 회귀하기 위한 계획이 아니다. 그와는 정반대로 이 모델은 기계시대에 걸맞은 형태라는 라이트의 시각을 표상한다. 라이트는 빌딩이 집중적으로 들어선 대도시는 위대한 진보를 구현한 것이 아니라 진보 구현의 가장 거대한 장애물이라고 주장했다. 그는 대도시를 탐욕이 빚은 일종의 괴물 같은 탈선이자 효율적 생산뿐 아니라 인간적 가치도 파괴하는 일탈로 보았다. 라이트는 인간이 자신의 고향인 대지로 돌아갈 때라야 기계시대의 혜택을 누릴 수 있다고 주장했다. 이 때문에 선진 사회의 모든 기관, 공장, 학교, 상점, 업무용 빌딩, 문화센터를 브로드에이커 시티의 농장 속으로 뿔뿔이 흩어놓았다. 이들은 모두 규모가 작으며 사람들과 권력이 집중할 수 있는 중심점이 되지 않도록 위치한다. 사무용 빌딩은 조용한 호수 주변에 세워지고, 공장은 숲 속에 자리 잡으며, 소수의 상점이 시골의 교차로에 몰려 있고, 교회, 병원, 학교는 벌판에 우뚝 서 있다. 고속도로망과 함께 라이트의 이상향 도시는 100제곱마일 또는 그 너머까지 펼쳐진다.

이와 같은 극단적인 분산은 에버니저 하워드에게는 상상할 수 없는 것이었다. 하워드는 도시 내의 철로와 심지어 복잡한 운하망까지 자유롭게 구상했지만, 극단적으로 분산된 공동체라는 라이트의 개념을 가능하게 해주는 자동차나 고속도로 같은 것은 상상하지 못했다. 전원도시의 시민은 여전히 도시의 모든 부분으로부터 도보(또는 자전거를 탈 수 있는) 거리 이내에 있어야 한다. 철로는 사람들을 중심부에서 시골 지역으로 신속하게 이동할 수 있도록 해주지만, 이런 이동은 반드시 철로 노선을 따라야 한다. 이와 동시에 노선상의 역은 사람들을 중심지인 역으로 모이게 만든다. 이 중심지에는 상점과 사무실, 그리고 다른 만남의 장소가 집중된다. 하워드가 구상한 것은 개방된 시골지역에 조밀하게 계획된 도시들이 띄엄띄엄 자리 잡은 전원도시 패턴이다.

전원도시의 기원을 철도시대에서 찾았다면, 브로드에이커 시티는 아직은 낙관주의적 분위기가 팽배한 초기 자동차 시대에 속한다. 라이트는 개인 승용차가 시간과 공간에 대한 새로운 통제력을 가져다줄 것이며 그 위에 새로운 도시가 건설될 것이라고 보았다. 시간당 60마일로 여행하는 동력화된 시민은 하워드의 설계에서 도보로 이동하는 시민이 전원

도시를 횡단하는 것만큼이나 신속하게 브로드에이커 시티를 가로지를
수 있다. 따라서 승용차는 새로운 규모의 도시를 가능하게 할 뿐만 아니
라 전례 없는 설계의 자유도 제공한다. 현대의 도로체계와 더불어 자동
차는 소수의 도로나 정거장에 한정되지 않는다. 실질적으로 어떤 지점
에나 접근할 수 있기 때문에 사람들은 좁은 지역에 몰려 살 필요가 없다.

그러나 브로드에이커 시티는 자동차를 위한 이상향 도시 이상의 의
미를 지닌다. 전원도시에서도 살펴보았듯이, 계획이란 설계자의 심오
한 가치관을 표현한 것이다. 하워드의 개념은 근본적으로 협동조합을
바탕으로 했다. 따라서 하워드의 이상향 도시에서는 공동소유와 형제애
가 모든 사람의 삶의 근간이므로 물리적으로 조밀한 공동체 형태를 띠
었다. 반면 라이트의 핵심적인 신념은 개인주의였다. 하워드와 그의 추
종자들이 상호 긴밀하게 조직된 영국의 시골마을에서 영향을 받았다면,
라이트는 독립적인 시골 지주를 칭송하는 미국 사상가 제퍼슨의 전통에
서 영감을 받았다.

라이트가 하워드의 잘 조직된 도시를 깨뜨렸다면 그것은 각 시민과
그들의 가족이 자신의 땅 위에서 고유의 삶을 살도록 하기 위해서였다.
라이트는 자신이 무한한 애정을 쏟았던 민주주의의 탄탄하고 유일한 토
대는 각 시민의 물리적·경제적 독립성이라고 믿었다. 오로지 근본적인
지방분산화만 이러한 기반을 쌓을 수 있으며, 이런 목표는 단지 가능한
것이 아니라 거의 불가피하다고 라이트는 믿었다. 자동차는 이미 중앙
집권적인 도시의 정당성을 그 근본부터 흔들고 있었다. 라이트가 옹호
한 독립성을 파괴하는 듯했던 선진 기술은 실제로는 독립성의 회복을
향해 줄달음질치고 있었다. 그는 브로드에이커 시티가 성숙한 산업사회

가 낳은 필연적인 결과만은 아니라고 선언했다. 그것은 '진정한 민주주의가 빚은 형태'였다.

라이트가 브로드에이커 시티 모형을 제작했을 당시에는 후원자가 없었다. 그는 당시 미국 건축학계에서 고립된 인물이자 광야에서 여전히 올곧은 67세의 늙은 선지자였으며, 창조력과 영향력의 시기를 이미 훌쩍 넘긴 것으로 보이는 남자였다. 그가 남긴 최고의 걸작은 이미 대부분 1890년대와 1900년대에 만들어졌는데, 이는 그가 40세가 되기도 전이었다. 브로드에이커 시티는 라이트가 위기에 처했던 시기의 산물이라고 할 수 있다. 이 작품은 당대 미국인과 라이트 간의 깊은 단절을 반영하지만, 한편으로는 라이트의 고립을 극복시켜 줄 미래에 대한 희망이기도 했다. 낙수장落水莊, Falling water(카우프만의 집), 존슨 왁스 빌딩 같은 작품과 함께 브로드에이커 시티는 라이트의 창작생활에서 매우 새로운 단계를 나타낸다. 라이트는 자신을 괴롭혔던 의심을 떨치고 자기 홀로 존재하는 것이 아니라는 믿음으로 미국인들에게 자신의 이상향 도시를 전시했다. 라이트는 중앙 집권화의 거대한 물결이 이제 역전되려는 찰나라고 주장했다. 대도시를 창출해 낸 경제 세력은 이제 대도시를 파괴하기 위한 작업에 돌입하고 있었다. 집중화를 부추겼던 기술이 이제는 계획 분산을 위해 사용될 수 있었다. 대도시는 자신의 생존을 구원해 내지 못하는 무능력한 신세가 되었다. 브로드에이커 시티 모형의 역할은 여기에 있었다. 미국인들은 자신의 가장 심오한 가치를 돌아보고 이러한 가치를 성취시킬 방법을 발견할 게 분명했다. 일단 대안을 보여주기만 한다면 브로드에이커 시티로 가는 길은 활짝 열릴 것이었다.

라이트가 구상한 실천방안은 에버니저 하워드와는 매우 달랐다. 하워드는 세상을 바꾸기 위해 협동조합의 힘에 기댄 데 반해 라이트는 상상력에 호소했다. 하워드가 여건을 변화시키기 위해 자신의 목표를 조정해 가면서 다양한 지지자 그룹을 끌어들이고자 끈질기게 노력했다면, 라이트의 주요 관심사는 미래 비전의 완벽화를 추구하고 더욱 풍부한 영감을 불러일으킬 비전을 체계화하는 것이었다. 그는 이상향에서 현실로 가기 위한 일일 전략을 수립하는 데에는 관심이 없었다. 하워드는 조직화를 위해 노력을 쏟았으나 라이트와 그의 학생들은 브로드에이커 축척 모형의 복잡다단한 세부사항을 계획하고 조립하고 색칠하는 데 노력을 쏟았다. 라이트는 자신의 개인적 사명은 형태의 모든 순수성을 담아 진정한 형태를 선언하는 것이라고 주장했다. 이처럼 라이트는 하워드와 뚜렷하게 대비되었으며, 현실에서 이상향으로 가기 위한 방법을 구상하는 데에는 관심이 없었다.

라이트에게 영감을 주었던 랠프 월도 에머슨Ralph Waldo Emerson은 『자기 신뢰Self-Reliance』에서 이렇게 말했다. "너 자신의 생각을 믿는 것, 너 개인의 마음 깊숙한 곳에서 너에게 진실한 것이 다른 모든 사람에게도 진실하다고 믿는 것, 그것이 천재이다. 네 내면의 신념을 말하라, 그러면 그것은 보편적 의미가 될 것이다." 이것은 라이트가 록펠러센터를 건설할 당시 간직한 신념이었을 것이다.

(2) 브로드에이커 시티와 라이트의 사상

1932년 출간된 라이트의 저서 『사라지는 도시The Disappearing City』의 서두에서 라이트는 역사적 우화를 소개한다. 그는 인류는 한때 급진적인 유목민 또는 방랑자와, 정주자定住者 또는 보수적인 동굴 거주자 두 개의 집단으로 나뉘어 있었다고 썼다. 방랑자는 모험가였으며 자신의 이 동성 속에서 자신의 힘을 발견하고 "별 아래서 자유와 용맹을 주식主食 삼아 살았다". 라이트는 "현재의 정주적 건축물을 뚫는, 우리가 지닌 자 유라는 이상"을 "모험가로서의 원천적 본능이 남은" 탓으로 돌렸다. 벽 으로 쌓아올린 도시는 방랑자를 대체했으나 결코 그를 정복하지는 못했 다. 라이트에 따르면 미래의 도시는 벽이 없는 형태의 방랑자의 도시가 될 것이며 그곳에서는 이동성이 자유를 가져다줄 것이다.

이 우화에서 라이트는 전적으로 방랑자에게 공감했으나, 그가 계획 한 이상향 도시는 동굴 거주자로부터 영감을 받은 기관에 대해 넘치는 찬사를 담고 있었다. 규율 권한을 가진 시골 건축가, 학교, 심지어 경관 을 굽어보는 대회당 등이 그것이다. 브로드에이커 시티의 '진정한 중심 지'에는 자작 농장이라는 곳이 있었는데, 이곳은 라이트가 다른 어떤 담 장 도시만큼이나 튼튼한 장소로 의도한 피난처였다.

라이트가 계획한 브로드에이커 시티의 자작 농장주는 외부의 압력 으로부터 고도의 독립성을 확보할 수 있겠지만, 이런 독립성이 과연 이 기적인 탐욕을 극복할 수 있을까? 라이트의 기대에도 불구하고 아무도 지방분산화된 사회가 자유롭거나 창조적일 것이라고 시사하지 않았다. 19세기 전반기에 미국 북부는 라이트가 원한 만큼 농촌적이고 평등주의 적이며 지방분산화되어 있었다. 그럼에도 불구하고 이 지역을 가장 신 랄하게 비판했던 비평가 알렉시 드 토크빌Alexis de Tocqueville은 미국이 취 향 감소와 견해의 유사성 때문에, 다시 말해 라이트가 20세기 들어 한탄 하고 도시화의 탓으로 돌렸던 '다수라는 폭군' 때문에 고통을 겪고 있다 고 보았다.

그런데 토크빌의 생각과는 정반대로 다수라는 폭군은 산업사회 중심지보다 교외 지역에서 더욱 기세를 떨쳤다. 라이트는 지나친 도시화의 위험 중 많은 부분을 제대로 인식했지만, 자신이 신봉하던 가치를 장려하는 도시의 힘에 대해서는 인정하지 않았다. 사회학자 로버트 파크 Robert Park가 설득력 있게 주장했듯이, 익명성의 자유, 근본적으로 다른 가치와 경험을 지닌 집단과의 근접성, 무한대인 인간과의 접촉 범위 등 대도시는 개인주의에게 천혜의 환경이다.

따라서 브로드에이커 시티는 자유와 민주주의가 산업사회에서 어떻게 보존될 수 있는가라는 문제에 대한 해결책인 만큼 그러한 문제를 회피하는 것이라고도 할 수 있다. 이상향 도시가 지닌 가치는 그 도시가 내린 독특한 처방에 있다기보다는 그 도시에 영감을 준 모순적인 충동을 정직하고 상상력 넘치게 구현했다는 데 있다. 라이트는 자신의 한계에 상관없이 민주주의라는 이상을 늘 신중하게 취급했다. 라이트에게 민주주의는 "세상이 일찍이 알았던 가장 고귀한 형태의 귀족주의"와 진배없었으며, 라이트는 이 민주주의가 독특한 종류의 시민을 필요로 한다고 생각했다. 이론뿐만 아니라 실제에서도 라이트는 개인이라는 숭고한 개념과 세상을 바꿀 자신의 능력에 대해 믿어 의심치 않았다. 라이트는 개인들에게 예언자처럼 말하려고 시도했으며, 개인의 독자성을 손상시킬지도 모르는 집단을 지지하는 데에는 저항했다.

에버니저 하워드는 협동조합이라는 자신의 이상으로부터 전원도시를 건설하기 위한 협조적인 노력으로 쉽사리 옮겨갔다. 위계질서와 명령이 중시되는 이상향 도시를 계획한 르코르뷔지에는 자신의 계획을 실현하기 위해 권위에 기댔다. 라이트의 추종자들은 라이트의 영감을 따라 도시를 버리기 위한 결정을 스스로 내려야 했다. 라이트의 추종자는 브로드에이커 시티를 이해할 만한 충분한 지성, 이를 실행에 옮길 만한 추진력, 그리고 가장 중요하게는 브로드에이커 시티가 라이트가 경험한 중앙집중화된 사회를 실현시킬 필수적인 대안이라는 비전을 가져야 했다. 라이트는 시민들이 자신의 가치뿐만 아니라 자신의 상상력도 공유할 것으로 생각했다.

이러한 생각이 헛된 희망으로 드러난 것은 놀랄 일이 아니다. 라이트는 자신의 예언자적 호소의 대상을 국가 전체에서부터 자신을 이해할 수 있는 민주적 소수집단으로, 그리고 끝내는 적대적인 우민정치에 맞서는 단 한 명으로 이루어진 다수, 즉 천재로 점점 좁혀나갔다. 타협을 모르는 개인주의에서 출발한 이상향 도시에 대한 추구가 출발 때처럼 고립 속에서 끝나는 것은 어쩌면 불가피한 일이었다.

2. 유럽의 근대 도시계획

1) 외젠 오스만의 파리 개조

프랑스에서는 1851년 나폴레옹 보나파르트Napoléon Bonaparte가 혁명으로 권력을 장악하고 나폴레옹 3세로 즉위한 뒤 파리를 대제의 권력에 걸맞은 대도시로 개조하고자 했다. 황제는 파리를 당시 빠르게 증가하는 인구를 수용할 수 있는 규모를 갖춘 도시이자 산업의 발전과 교역의 중심지로 만들어 제왕의 권력을 상징하는 명실상부한 프랑스의 중심도

| 오스만에 의해 건축된 파리 불바드 지역
자료: https://www.flickr.com/search/?text=Boulevard%20in%20Paris

시로 바꾸길 바랐다.

　다른 한편으로는 당시 일방적으로 노동력을 착취당하며 억압되어 있던 노동자 계층의 잦은 소요를 진압하기 위해서 군사력의 이동이 편리하도록 도시 구조를 개편하고자 했다.

　이처럼 파리의 개조를 열망한 나폴레옹 3세는 1853년에 과업의 책임자로 조르주 외젠 오스만Georges Eugène Haussmann(1809~1891) 남작을 임명했다. 오스만은 1853년부터 1869년까지 17년 동안 파리 개조를 계획·추진하면서 탁월한 도시계획가로서 명성을 얻었다. 파리에 대한 대대적인 도시 구조 개혁 사업은 중세적인 건축물과 구불구불한 도로를 허물고 새로운 양식의 건물과 직선화된 대로를 건설하느라 파괴와 건설을 동시에 진행했다. 어느 통계를 보더라도 파리 개조 사업의 규모가 얼마나 광대했는지 엿볼 수 있다. 당시 주택 6만 6578채 중 2만 7000여 채가

헐리고 10만여 채가 새로 건설되었고, 3단계로 진행된 도로 사업에서는 도심지에는 95km, 외곽에는 70km의 도로가 신설되었으며, 1780헥타르 면적의 공원과 총연장 570km의 하수도 설비가 새로 갖춰졌다. 이러한 수치들은 당초에는 부분적 개조를 목표로 했던 개조 사업이 도시 전체를 아우르는 개혁 사업으로 발전했음을 보여준다.

파리 개조 사업의 결과로 외관상 가장 크게 변화한 부분은 도로를 직선화한 것으로, 이로 인해 상징성과 원근법에 따른 미학적 효과를 얻었다. 이는 바로크 시대의 공간 계획이 지닌 특징과 의장적 원리를 잘 보여준다. 주요 도로는 대로 형식이어서 기존의 인간적이고 자연스러운 보행 위주의 가로와는 전혀 달랐다. 이들 도로는 새 시대의 대규모 통행량을 수용하기에 충분한 넓이로 확장되어 실질적인 도시의 동맥 역할을 할 수 있도록 정비되었다. 또 군장비와 인력이 이동하기에 편리하도록 도로를 직선화하자 좁은 골목 사이에서 산발적으로 일어나는 시가지 폭동도 효율적으로 진압할 수 있었다. 그뿐 아니라 직선화된 대로가 만나는 교차지점이나 직선가로가 끝나는 지점, 즉 사람들의 시선이 쏠리는 지점에 공공건물과 기념비적인 상징물을 배치해 권력의 위엄을 상징적으로 표현했다. 또한 기존의 불규칙한 도로 위에 새롭게 도로를 개설할 때에는 신설도로에 면한 건물의 형태를 엄격하게 규제해 질서정연한 가로의 분위기를 조성했다.

부연하자면 가로의 넓이에 따라 건물의 높이를 규제해 폭 20m 이상의 도로에 면한 건물의 높이는 도로 폭 이하로, 폭 20m 이하의 도로에서는 건물의 높이를 도로 폭의 1.5배 이하로 제한했고, 지붕의 경사도 45도 이하로 정했다. 이러한 규제는 현대 건축법에서 규정한 도로에 의한 사선 제한과 동일하며, 디자인 면에서도 전체적인 통일성 속에 개성을 표현한다는 현대 도시설계의 개념과 일치한다.

오스만의 파리 개조 사업은 새로운 시대에 걸맞도록 도로를 정비했을 뿐만 아니라 도시의 기반시설을 확충했다는 점에서 미래를 대비했다는 평가를 받는다. 실제로 정비 사업 이후 100년이 지난 뒤에도 대도시로서의 기반시설을 충분히 갖추고 있다는 평가를 받는다. 도로를 따라 상수로, 배수로, 대중교통 체계를 설치함으로써 당시의 열악했던 도시 환경을 개선하는 데 크게 공헌했을 뿐만 아니라 도시공학적으로 완결되도록 성공적으로 정비했다고 할 수 있다.

한편 인구 유입과 도시 확장을 전제로 한 파리 개조 계획은 도시의 범위를 크게 확장시켰으며 새로운 행정체계를 만들었다. 당시 12개였던 자치 행정구arondissement는 20개로 늘어나 도시 전체의 면적이 총 8750헥타르로 확장되었다. 이는 물론 동심원적인 도시 구조를 기본으로 한 평면적인 확장이었지만, 그 결과 많은 블록이 새로 마련되어 미래의 인구 집중과 도시 확장을 위한 기본 틀이 마련되었다는 점에서 의미를 갖는다. 또한 도로를 개설하고 기반시설을 확충하는 데 그치지 않고 대도시의 면모를 갖추는 데 필요한 도시의 여러 공용시설도 함께 마련했으며, 학교, 대학, 병원 등 도시에 필수적인 공용시설과 당시 통치체제를 유지하는 데 필수적이던 군사용 수용소와 감옥 등도 적절히 배치했다. 특히 파리 외곽의 동서 양단에 불로뉴 숲Bois de Boulogne과 뱅센 숲 Bois de Vincennes 등 대규모 공원을 배치한 것은 도시의 휴식처 및 개발제한 구역으로서의 역할을 강조한 계획으로 볼 수 있다.

한편 산업시대에 걸맞도록 파리의 철도역과 도로를 정비했다. 먼저 행정, 상업, 위락의 중심지가 파리를 관통하는 철도역과 연결되도록 대로를 신설했다. 이들을 서로 연결하는 도로망을 완성한 뒤에는 다시 이 도로망을 교외까지 연장시켜 시역을 크게 확장시켰다. 앞서 살핀 불로뉴 숲과 뱅센 숲을 비롯한 수많은 공원은 다시 이 도로망과 얽혀서 공원 체계를 이루었다.

19세기 중엽 실시된 파리 개조에서 이루어진 광로 건설과 공원 조성, 중앙역과 간선도로의 정비 및 신설 등 세부 계획은 훗날 다른 나라의 도시계획에서 많은 모방 사례를 낳았을 뿐만 아니라, 대도시를 근본적으로 개조하는 사상으로서 일본 메이지 전기 시대에 도쿄계획을 수립하는 데에도 지대한 영향을 미쳤다.

이처럼 19세기의 파리는 궁전, 사원, 광장, 정원 등 훌륭한 유산을 갖추고 있었음에도 도로가 구불구불하고 위생 환경까지 불결해 산업화를 일찍이 이룬 영국의 대도시에 견주어 낙후된 모습이었으나 나폴레옹 3세의 권력과 오스만의 능력, 기술자들의 뛰어난 안목과 기술, 1840년의 토지 수용법과 1850년의 위생법이 더해져 17년에 걸쳐 대대적인 개조 작업을 거친 결과 성공적으로 변화해서 오늘날과 같은 모습을 지니게 되었다.

오스만의 도시개조 사상이 한계를 지니고 있긴 하지만 리옹Lyon, 마르세유Marseille 같은 프랑스 여러 도시에 영향을 미쳤으며, 유럽 대륙의 스톡홀름, 버밍엄, 로마에도 영향을 미쳤다. 한마디로 오스만의 도시개조 철학은 대규모의 스케일로 도시를 바꿀 수 있는 가능성을 보여준 혁신적인 사상이었다(Ward, 2002: 15).

2) 외젠 에나르

건축가 외젠 에나르Eugène Hénard(1849~1923)는 1903년부터 1909년까지 파리 개혁에 대한 일련의 연구를 출판했고, 1904년 파리를 네 개의 지구로 나누면서 파리-로얄Paris-Royal에서 직교하는 두 개의 광로를 만드는 내용의 보고서 「파리의 새로운 주요 동서 교차점new major east-west crossing of Paris」을 작성했다. 그는 프랑스 수도 파리뿐 아니라 유럽의 다른 대도시 전체를 아우르는 원칙을 만들어냈고 국제적으로도 인정받아 1910년 런던 국제회의에 초청되어 '미래의 도시'에 대해 강연하기도 했다.

당시에는 교통수단의 비약적인 발전을 가져온 지하철이 건설 중이었는데, 에나르는 대중교통에서 지하철이 담당하는 중차대한 역할을 인정하면서도 지하철 시대가 아닌 자동차 시대가 도래할 것이라고 예견하고 파리의 도로망을 새로운 시대에 걸맞은 체계로 바꿀 것을 제안했다. 그의 안은 도심에서 교차하는 두 개의 횡단철도 노선과 새로운 환상도로를 구축하는 것이었다. 그는 이 안에서 현대 도시교통 계획의 기초가 된 여러 가지 개념을 제시했다. 먼저 교통을 여섯 종류(가사용, 통근용, 영업용, 사교와 오락용, 축제용, 대중용)로 구분한 뒤, 각각의 유형이 정기적·균일적·복합적 특징과 더불어 분기적 특징을 지니고 있다는 사실을 지적하고, 각 교통 유형에 가장 적합한 도로와 교통수단을 선정해야 한다고 주장했다.

에나르는 도로망이 효과적으로 기능하는지 여부는 교차점에 좌우된다는 사실에 착안해 두 가지 해법을 제시했다. 그중 하나는 2단의 입체적 교차를 만드는 것이며, 나머지 하나는 교차점의 한복판에 보행로가

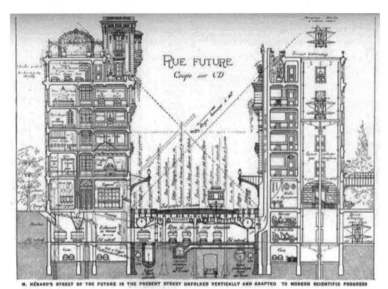

ⅠΙ 외젠 에나르가 제안한 '미래의 가로' 삽화(1911)로, 첨단 기술을 이용한 것이 특징이다.
자료: https://www.flickr.com/search/?text=Henard%20%20street%20of%20the%20future%20paris

있는 넓은 가로수 길을 만드는 것이었다. 이 둘은 후에 도시계획의 원리로 널리 채택되었다.

3) 소리아 이 마타

영미 전통의 대척점에 서 있는 유럽 전통의 첫 번째 대표 주자라 할 스페인 출신의 엔지니어 소리아 이 마타Soria y Mata(1844~1920)는 '선형線型 도시La Ciudad lineal'라는 아이디어로 인해 도시계획사에서 중요한 차지한다. 소리아 이 마타는 1882년 기존의 도시에서 외곽지역으로 뻗어나가는 '고속의 도로' 또는 '많은 교통량을 동시에 처리할 수 있는 도로'를 신

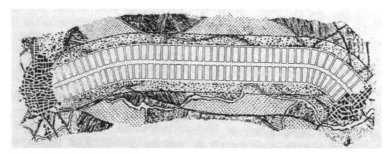

▎소리아 이 마타가 제안한 선형 도시
자료: https://www.flickr.com/search/?text=Tony%20Garnier

설하고 그 교통의 축을 따라 일명 선형 도시를 개발할 것을 제안했다. 그는 새로운 형태의 대중교통이 발달하면 그 영향으로 도시들이 도로변을 따라 선형으로 발달할 것이라고 주장했다. 또한 자신의 선형 도시에서는 스페인의 카디스에서 출발해 유럽 대륙을 가로질러 러시아의 상트페테르부르크까지 총 1800마일을 연결할 것을 제안했다.

그러나 소리아 이 마타는 마드리드 외곽에 고작 몇 킬로미터의 고속도로를 건설하는 것에 만족해야 했다. 현대 도시는 소리아 이 마타가 예측한 대로 선형이 아닌 다른 형태로 성장했기 때문에 이 도로는 현장에서나 지도상으로나 온전한 자취를 찾기는 어려우며 흔적만 간신히 남아 있다. 그의 선형 도시는 오늘날에는 낡은 것으로 인식된다. 소리아 이 마타가 제안한 선형 도시는 양쪽에 기하학적인 주택 블록이 배치되고 철로가 도로 한가운데 설치된 형태였기 때문이다. 그리고 이와 같은 유형의 도로는 경험상 건설비용이 높고 공사도 꽤 까다롭다는 게 중론이다. 더욱이 통근 교통은 신속한 속도가 생명인데 이런 도로는 연장길이가 길어지기 마련이라서 통근에 적합하지 않다는 결정적인 단점을 지니고 있다. 그럼에도 불구하고 소리아 이 마타의 아이디어는 계획가들에게 인기가 있었다. 신속한 커뮤니케이션을 위해 새로운 노선에 막대한 투자를 해야 한다는 그의 아이디어는 19세기의 철도나 20세기의 자동차 도로를 막론하고 변함없이 공감할 수 있었기 때문이다. 그리고 이런 도로를 개설하기만 한다면 인근의 개방된 농촌으로 쉽게 접근할 수 있으며 나아가 더 큰 성장이 필요할 때에는 양끝에 단순히 추가하는 방식으로 성장에 대응하면 되었기 때문이다. 결국 에버니저 하워드의 정교한 전원도시에 필수적인 그린벨트 같은 제약이 없으므로 자유로운 확장이 가능했다.

하워드의 전원도시 이론과 함께 소리아 이 마타의 선형 도시 이론은 20세기 도시 구성에서 중요한 이론적 모델로 꼽힌다. 앞서 살펴보았듯이 소리아 이 마타의 이론은 기존의 도시와 도시를 철로로 연결하고 그 철로변을 따라 500m 정도의 폭에 선형으로 도시를 개발하는 것이다. 선형 도시 한복판에는 대략 40m 폭의 도로를 설치하고 여기에 전차를 가설한다. 건물은 전체 대지의 1/5 정도만 차지하고, 400m 정도는 토지를 구획하는데, 이 중 주거를 위해서는 80제곱미터를 배정하고 정원을 위해서는 320제곱미터를 배정한다.

선형 도시는 일부 계획가들 사이에서 인기를 끌었다. 선형 도시는 인접한 개방된 전원지에 접근하기 쉬우며 더 크게 성장할 필요가 있을 때는 연장하기가 쉽기 때문이었다. 하워드의 전원도시같이 그린벨트라는 통제를 통과해서 확장을 꾀할 필요가 없었다. 따라서 소리아 이 마타의 도시 확장 방식이 하워드 – 애버크롬비 전통에 대한 가장 분명한 대안으로 보였다. 선형 도시계획안을 활용한 사례로는 건축가 집단이 제시한

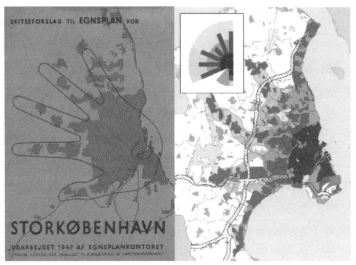

I 마스(MARS)그룹이 선형 도시계획을 코펜하겐에 적용한 '손가락 계획(Finger Plan)'
자료: https://www.flickr.com/search/?text=finger%20plan%20copenhagen

'런던을 위한 마스 계획Mars Plan for London'(1943)을 들 수 있다. 또 전후 '코 펜하겐 계획'(1948), '워싱턴 계획'(1961), '파리 계획'(1965), 그리고 '스톡 홀름 계획'(1966) 등도 선형 도시안을 변형·채택한 예로 꼽을 수 있다. 그러나 워싱턴과 파리에서는 도시 성장 축 사이에 남겨진 공간을 민간 개발이 이용하고자 했기 때문에 공지를 보존하는 것이 지극히 어려운 일로 판명되었다. 그러므로 선형 도시가 자연스러운 형태라는 주장은 정당화될 수 없었다.

4) 토니 가르니에

하워드가 『내일: 진정한 개혁에 이르는 평화로운 길』이라는 책을 통해 전원도시라는 개념을 발표한 해인 1898년 프랑스에서는 토니 가르니에Tony Garnier(1869~1948)가 하워드의 전원도시처럼 산업이 위치해 있고 그 산업에 인접해서 주거지를 배치시킨 자족적 정주지 개념인 산업도시를 발표했다. 가르니에는 순수 예술 대학인 에콜 데 보자르Beaux Arts에 재학 중이던 1898년 산업도시를 구상해서 1904년 파리에서 발표했으며, 1918년에는 『산업도시, 도시 건설 연구Une cité industitelle, étude pour la construction des villes』라는 대작을 발표했다.

산업도시에서는 근대도시의 근간인 산업을 도시계획의 주제로 삼아 도시를 시가지와 산업지대로 나누고 시가지는 다시 주택 용지와 공공시설 용지로 나누어 이 공간들을 그린벨트로 명쾌하게 분리했다. 또 도시 간 고속도로, 인터체인지에서 교차하는 간선도로, 철도로 이루어진 교통 순환 체계, 하천 연안에 조성된 항구가 도시의 기능을 뒷받침하도록 구상했다.

산업도시는 근대도시가 갖추어야 할 모든 시설과 공간을 구성 요소로 보고 이를 각각의 기능과 환경을 고려해 적절하게 배치함으로써 전체적인 도시의 형상을 짜 맞추어 놓은 것이다. 가르니에가 제시한 산업도시의 가장 두드러진 특징은 도시의 기능성을 향상시키기 위해 무엇보다도 교통체계를 우선시했다는 점이다. 기존의 유럽 도시에서는 도로가 보행자의 최소한의 동선 또는 조망을 중시했으나 이러한 도로의 개념이 바뀐 것이다. 물론 전원도시 계획안에서도 철도를 통해 모도시와 다른 전원도시 간 연계를 최소화하도록 고려되었지만, 미래의 도시에서는 사람과 물자를 수송하기 위해 거점지대인 산업도시가 교통의 중심으로 조직된다는 점에서 도로가 보다 중요한 의미를 가진다. 부연하자면, 산업

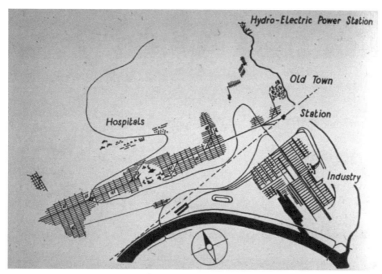

▮ 토니 가르니에가 제시한 산업도시 배치도(1917)
자료: https://www.flickr.com/search/?text=linear%20city

도시의 성격상 물자 수송 및 주변 지역과의 연계에 필수적인 교통 체계는 도시의 구성에서 최우선적인 요소이다. 따라서 산업도시에서는 철도역이 도시 지역의 중심에 배치된다. 산업도시 계획안에서 교통체계를 강조하는 것은 도시의 성장과 밀접한 관계가 있다. 다시 말해, 자체적인 생산 능력을 갖춘 자급자족의 산업도시는 교통체계를 바탕으로 부침 없이 지속적으로 성장·발전할 수 있다는 예측이 산업도시 계획안에 전제되어 있다.

이러한 지속적 성장의 개념은 기존의 도시나 전원도시 계획안에서 방사형 도시를 기본으로 내부지향적인 완결성을 추구하던 도시 조직 방법과는 전혀 다른 창조적인 발상이다. 물론 '교통체계를 근간으로 한 도시의 확장'이라는 산업도시안의 근본 개념은 18세기 후반 제임스 크레

이그James Craig가 계획한 '에든버러 선형 도시안'이나 1894년 교통기술 자였던 소리아 이 마타가 제시한 '마드리드의 선형 도시 계획안'과 많은 부분에서 유사하다.

가르니에가 자신의 구상안을 실현하기 위해 선택한 장소는 리옹 외곽에 있는 격자 형태의 부지로, 훗날 개발된 그의 선형 도시는 길쭉하고 어색한 모양새를 띠었다. 그러나 세심하게 설계된 정원이 딸린 단독주택은 당시 프랑스에서 주목받기에 충분했다. 더욱이 가르니에의 주택은 콘크리트 구조물의 설계 기술을 많이 이용해 그로부터 20년 후 탄생한 르코르뷔지에의 유명한 콘크리트 건축물에 영향을 주었다. 무엇보다 가르니에 계획안의 가장 큰 가치는 중앙 집중적인 종래의 도시 형태를 탈피해 토지이용 및 시설 배치와 함께 교통체계를 고려함으로써 계획안을 실현 가능한 구체적인 도시 개념으로 완성했다는 점이다.

가르니에 계획안의 기술적 배려와 실용성 및 건축학적 해법은 여러 내용에서 찾아볼 수 있다. 우선 3만 5000명의 거주자를 위한 산업도시 내 주거지역은 동서 방향으로 150미터, 남북 방향으로 30미터의 주거 블록을 기본으로 하고, 다시 이 블록은 15미터×15미터의 획지 20개로 분할된다. 각 획지에는 건폐율 50% 이하로 건물을 짓고, 그 외 외부공간은 공공공원이나 보행자를 위한 공간으로 조성된다. 또 주거용 건물이 남북 방향으로 배치될 경우 위생상 필요한 일조를 확보하기 위해 남측에 있는 건물 높이 이상의 거리를 확보하고 북쪽에 건물을 배치하여 쾌적한 주거 환경을 조성코자 했다. 그리고 가르니에는 모든 건물을 당시에는 보편화되지 않은 강화 콘크리트reinforced concrete: RC로 건축할 것을 제안했다. 따라서 기존의 건물과 달리 콘크리트의 특성을 살린 연속된 유리창 입면, 평지붕 등 건축 설계적 요소를 가진 건물을 제시했다. 그 외에도 계획안에는 당시의 기술적 발전을 반영해 건물의 전기 난방과 열 관리 방법도 포함되었다.

가르니에의 산업도시는 실제로 건설된 적은 없다. 오히려 하워드의 전원도시가 1920년대와 1930년대에 파리 주위에 세워졌는데 이들은 대부분 영국의 모델에 근거했다. 이 도시들은 아파트 블록을 많이 사용했으며 광장과 공원의 형태로 공개 공지를 보다 자유롭게 이용했다. 그럼에도 이 도시들은 당시 파리 노동자의 과밀과 비위생적인 주거를 개선하는 데 큰 성과를 거두었다.

또한 가르니에의 개념은 독일에도 영향을 미쳐 독일의 전원도시 운동 시기에 흥미로운 결과를 낳았다. 당시로서는 신기술이던 콘크리트 구성법에 의한 건축 설계를 모든 요소에 시도해 도시의 전체 형태를 제시하는 체계를 만들었던 것이다. 1907년 르코르뷔지에는 가르니에를 방문해 그로부터 지대한 영향을 받았다고 한다.

가르니에 계획안이 높은 가치를 지니는 이유는 그가 제시한 산업도시의 주요 개념이 이후 등장하는 여러 이론과 도시계획안에 직접적인 영향을 주었기 때문이다. 그중 가장 주목할 만한 것으로는 1920년대 도시계획가이자 건축가인 에른스트 마이가 프랑크푸르트의 도시 지역 경계 바깥의 외곽지대에서 일련의 위성도시Trabantenstadte를 개발하고 그린벨트로 도시를 분리시킨 사례를 들 수 있다. 이 위성도시들은 진정한 의미에서는 하워드가 제시한 전원도시가 아니었는데, 그 이유는 대부분의 근로자가 도시까지 통근해야 했기 때문이다. 하워드의 전원도시라기보다는 영국 맨체스터에 있는 위센쇼 개발과 비슷했다. 그러나 이 위성도시의 세심한 설계는 주목할 만하며 에른스트 마이는 당시의 새로운 기능적인 건축 스타일과 저층 아파트 단지를 절충시켜 공원 조경 내에 건물을 배치시켰다. 우선 도시의 기능과 효율성을 강조해 도시의 기능을 분리했으며, 토지용도를 평면적으로 구분한 원칙은 20세기 초반 건축과 도시계획의 기능주의적 경향을 주도했다. 마이가 제시한 도시구성 원리는 '기능적 도시The Functional City'를 주제로 1933년 개최된 제4차 근대건축국제회의International Congresses for Modern Architecture: CIAM에 결정적인 영향을 미쳤다고 평가된다. 또 제4차 근대건축국제회의의 결과물로 제정된 1933년 '아테네 헌장'에서는 교통을 강조해 교통체계를 우선으로 도시계획을 수립해야 한다고 명시했는데, 이 역시 가르니에의 도시구성 원리와 직접적인 연관이 있다.

산업도시의 성장 개념은 사회주의 소련이 선형의 산업도시를 형성하는 데 직접적인 영향을 주어 도시 집중화를 방지하기 위한 계획의 수단으로 채택되기도 했다. 구체적인 예로는 1927년 니콜라이 라도프스키Nikolai Ladovski가 수립한 모스크바의 '코스티노 지역Kostino quarter 계획', 1930년 니콜라이 밀류틴Nikolai Milyutin이 수립한 '스탈린그라드 선형지구 계획' 등이 있다. 그리고 20세기 초반에 근대 건축의 국제주의와 기능주의적 경향을 주도한 거장 건축가 르코르뷔지에가 제안한 도시계획안들, 즉 1930년의 '알제리 계획안', 1936년 체코의 '즐린Zlin 계획안', 1945년의 '산업도시La Cité Industrielle'의 내용을 보면 가르니에의 산업도시안과의 유사점을 쉽게 발견할 수 있다. 이로써 가르니에의 사상이 르코르뷔지에의 건축과 도시 이론 형성에 지대한 영향을 미쳤음을 알 수 있다.

5) 르코르뷔지에

스위스 태생의 건축가 르코르뷔지에Le Corbusier(1887~1965)는 라이트, 발터 그로피우스Walter Gropius, 미스 반데어로에Mies Van der Rohe와 함께 현대 건축 운동의 창시자 가운데 한 사람으로 꼽힌다. 널리 알려진 그의 건축학적 업적으로는 파시Passy의 사보에 저택Villa Savoye에서부터 벨포르Belfort 근처 롱샹Ronchamp에 있는 노트르담 성당Notre Dam en Haunt에 이르기까지 개성 강한 건물들을 꼽을 수 있다. 도시계획가로서 그의 가장 두드러진 공헌은 대규모의 웅장한 도시 구조를 조성한 사상가이자 저술가였다는 점이다. 르코르뷔지에는 계획가들에게 전체적 밀도는 그대로 두더라도 국지적으로 변화를 주면 매우 다른 결과를 낳을 수 있다는 규모 분석의 중요성을 가르쳤다. 그와 동시에 조밀하고 국지적인 집중은 불필요한 교통량의 발생을 감소시켜 교통체계에 기여한다는 주장을 폈다.

(1) 라이트와 르코르뷔지에 비교

프랭크 로이드 라이트와 르코르뷔지에는 비교를 위해 점지된 인물 같다. 그들의 이상향 도시는 동일한 공상적 주제에 대한 두 개의 대립이형對立異形으로서 정면으로 대치된다. 이 두 사람은 산업화로 인해 정의와 조화, 미학의 새 시대로 가기 위한 환경이 조성되었다고 믿었다. 그리고 새 시대는 현존하는 모든 도시를 새 시대에 적합한 새로운 형태의 공동체로 대체해야만 열릴 수 있다고 믿었다. 사회를 물리적으로 재편하는 것은 미래와 과거를 가르는 근본적이고도 혁명적인 조치라고 생각했다. 라이트는 사회를 분산해서 기존의 도시들을 없애고 그곳을 개인과 그의 가족이 번성할 수 있는 도시와 농촌 간의 항구적 결합체로 대체하길 바랐다. 라이트처럼 르코르뷔지에도 도시를 중앙집권화된 권력의 천혜의 본거지로 인식했다. 그러나 바로 그 이유 때문에 도시를 칭송했다. 르코르뷔지에는 현존하는 도시들이 충분히 조밀하지 않다고 불평했다. 그는 현존하는 도시는 무질서한 개인주의가 지나치게 표출될 여지를 제공한 반면 계획에는 너무 적은 영역만 남겨놓았다고 비판하면서, 미래의 도시는 유리와 강철로 빚은 마천루들이 공원에 우뚝우뚝 솟은 '빛나는 도시Radiant City'가 되어야 한다고 생각했다. 그리고 그 도시는 위대한 관료주의를 위한 효율적이고 아름다운 중심지가 될 것이며 완벽한 사회행정이 자신이 추구하는 질서와 조화를 가져다줄 것이라고 믿었다.

이들의 차이점에도 불구하고 두 사람에게는 동일한 목표가 많았다. 두 사람에게는 예술공예운동과의 만남 및 그에 따른 반발이 깊이 각인되어 있었다. 빛나는 도시는 브로드에이커 시티만큼이나 인간과 자연을 조화시키려는 시도였다. 이상향 도시계획에 대한 글의 서두에는 다음과 같은 문구가 쓰여 있다. "사회 조직을 위한 모든 계획은 개인의 자유에 근거한다." 이 글을 쓴 사람은 라이트가 아니라 르코르뷔지에였다. 완벽한 계획에 입각한 사회를 건설하기 위한 제안에 이와 같은 신념이 서두를 장식한다는 것은 르코르뷔지에의 사고방식을 꿰뚫어볼 수 있는 좋은 단초이다. 그는 얼핏 보기에는 조화를 이루지 못할 것 같은 요소들을 논리적이고 일관성 있게 하나의 통일체로 통합시키는 작업, 즉 '종합'이라는 성배를 추구했다. 하워드의 가장 심오한 가치가 협동조합이고 라이트의 가장 심오한 가치가 개인주의라면, 르코르뷔지에의 목표는 협동조합과 개인주의가 동시에 표출될 수 있는 사회를 건설하는 것이었다.

라이트와 르코르뷔지에가 비교되는 면은 하나 더 있다. 두 건축가는 거대한 도시 중심부로부터 멀리 떨어진 곳에서 삶을 시작했으며 건축가라는 직업을 위해 정식 교육도 받은 적이 없었다. 르코르뷔지에는 스위스의 프랑스어권 지역인 제네바 북부 출신으로, 본명은 샤를-에두아르 잔느레 그리Charles-Edouard Jeanneret-Gris이다. 라이트처럼 르코르뷔지에도 스스로를 창조했다고 할 수 있다. 하지만 샤를-에두아르 잔느레 그리의 정신세계에서 르코르뷔지에가 탄생하기까지는 길고도 험난한 과정을 겪어야 했다.

(2) 현대도시에 대한 르코르뷔지에의 구상

르코르뷔지에는 자신이 수립한 최초의 이상향 도시계획인 '인구 300만 명을 위한 현대도시'(이하 '현대도시')의 기원에 대해 상세히 설명했다. 1922년 그는 살롱 도톤느Salon d'Automne[9]의 조직자들로부터 도시계획을 주제로 한 전시회를 준비해 달라는 요청을 받았다.

르코르뷔지에가 살롱을 위해 준비한 100제곱미터짜리 '현대도시Contemporary City' 축소 모형은 도시계획에 관한 그의 거창한 개념을 반영한 것이었다. '현대도시'를 위한 구상은 르코르뷔지에가 스위스 라쇼드퐁La Chaux-de-Fonds에서 도미노 주택 작업에 열중하던 1914~1915년에 그린 스케치들로 거슬러 올라갈 수 있다. 그는 파리로 이주한 이후 도면들을 계속 발전시켰으나, 자신의 벽돌 공장이 1921년 경제침체로 파산하

---

9   가을의 살롱이라는 뜻으로, 프랑스 미술전 가운데 하나이다.

고 이와 함께 산업기획사가 궁지에 몰린 이후에야 진지하게 이상향 도시로 관심을 돌렸다. 건축 업무는 신통치 않았다. 적은 수입은 거의 전적으로 그림 판매에서 나왔다. 하워드와 라이트처럼 르코르뷔지에도 미래 사회 계획에 착수하던 당시에는 고립되고 무시당했을 뿐만 아니라 아무런 영향력이나 존재감도 없었다. 르코르뷔지에는 자신의 구상 중 많은 부분을 공유했던 발터 그로피우스, 미스 반데어로에, 루드비히 힐버자이머Ludwig Hilberseimer 같은 바우하우스Bauhaus[10] 이론가들의 처지와는 극히 대조적이었다. 사회당과의 유대관계 때문에 그들은 실용주의적인 관점에서 생각했다. 그들은 부분적인 계획은 많이 만들어냈으나 이상향 도시를 만들지는 않았다. 르코르뷔지에의 경우 그가 기댈 수 있는 것이라곤 자신의 비전에 대한 타고난 설득력뿐이었다. 따라서 르코르뷔지에의 계획은 먼저는 상상력에서, 다음으로는 실제에서 힘을 발휘할 완벽한 대체 사회의 형태를 띠었다.

르코르뷔지에가 수립한 도시계획의 타이틀은 '300만 주민을 위한 현대도시'인데, 이 타이틀은 이 도시계획이 공상과학 소설 습작이 아니라 '우리 시대를 위한 도시'임을 선언하는 것이었다. 그는 이 도시계획이 "현재를 위한 믿음의 행위"라고 기술했다. 르코르뷔지에는 죽은 시대의 잔재를 일소하고 집단정신과 시민의 자긍심의 시대를 열어줄 위대한 작

---

10 1919년 건축가 발터 그로피우스가 미술학교와 공예학교를 병합해 설립한 곳으로, 주된 이념은 건축을 주축으로 예술과 기술을 종합하는 것이다. 초기에는 공예학교 성격을 띠다가 1923년에 이르러서야 예술과 기술의 통일이라는 연구 성과를 평가받기 시작했다. 1933년 나치의 탄압으로 문을 닫았으나 바우하우스에서 제작한 제품들은 많은 곳에서 모방되었다. 바우하우스의 교수법과 교육은 현대 조형예술 분야에 많은 영향을 미쳤다.

업의 시대가 도래했다고 믿었다. 신도시를 건설하겠다는 결정은 조화와 건설 및 열정의 빛나는 시간이 마침내 도래했음을 의미하는 것이었다. 이것이야말로 과거와 미래를 가르는 중대한 행위가 될 것이었다. 이를 통해 세상은 산업사회의 질서를 회복하고 아름다움을 지킬 수 있는 곳으로 만들어질 것이었다.

르코르뷔지에의 접근 방식은 분명 과학적이었다. 그는 산업도시의 이상적인 유형을 설명했으며, 현대의 모든 사회에 적용할 수 있는 일반적 진리를 그래픽 용어의 이미지로 표현하고자 했다. 르코르뷔지에는 자신을 속박하는 모든 환경으로부터 벗어나기 위해 이상향 도시를 자연이나 인간에 의한 어떤 표식도 없고 조금의 굴곡도 없는 완벽한 평지 위에 배치했다. 그는 자신의 과업을 엄격한 이론적 틀을 구축하는 연구실의 과학자가 수행하는 작업에 비유했다. 그의 목적은 도시계획의 근본 원리와 게임의 규칙을 만드는 것이었다.

그는 도시계획이 전문적인 훈련을 받은 이론가와 기술자의 영역인 응용과학의 하나로 자리매김해야 하다고 믿었다. 도시계획은 시민들의 몫으로 남겨두기에는 너무도 중요했다. 유기적 도시, 다시 말해 다수의 개인이 임의적으로 결정한 결과로 점차 형성되는 도시는 이제 과거의 유물이었다. 그런 도시는 목수가 자신의 집을 짓고 장인이 자기 고유의 수공예품을 만들어내던 시절에나 가능했다. 기계시대에는 도시가 효율성과 아름다움의 근간인 조화로움을 성취하려면 위로부터 실행되는 엄격한 이론이 필요했다.

르코르뷔지에에게 질서는 순수한 형태로 표현된다. '현대도시'는 완벽하게 대칭되는 도로들의 격자상과 다름없다. 직각이 지배한다. 두 개의 고속도로(하나는 동서로, 다른 하나는 남북으로 뻗은)가 중심축을 이룬다. 두 개의 고속도로는 도시의 정중앙에서 교차한다. 이러한 기하학의 승리는 르코르뷔지에에게 완벽한 원형이 에버니저 하워드에게 의미했던 바와 동일한 의미를 지닌다. '현대도시'가 지닌 엄격한 대칭성은 우연에 대해 이성이, 무질서한 개인주의에 대해 계획이, 불화에 대해 사회적 질서가 승리했음을 상징했다.

"배치한다는 것은 곧 분류한다는 것"이라고 르코르뷔지에는 기술했다. '현대도시'에서 모든 것은 기능에 따라 분류된다. 산업, 주택, 사무실은 각각 별개의 구역에 배치된다. 잘 돌아가는 공장처럼 먼저 다양한 기능을 분석해서 나눈 다음, 이어 각 구역에 각기 다른 기능을 할당하고, 끝으로 각 기능을 가능한 한 효율적으로 상호 연계시킨다. 교통 시스템은 진정한 도시의 삶을 유지시켜 준다. 르코르뷔지에가 깨달은 대로 도시의 건강은 도시의 속도와 관련된 능력이다. 속도는 자유이다. 상호 교환하고 만나고 장사하고 조정하는 자유이다. "속도에서 성공하는 도시는 성공한다"라고 그는 기술했다.

그는 '현대도시'의 구조 속에서 속도를 구축하고자 애썼다. 그는 고속도로, 지하철, 접근로, 심지어 자전거길과 보행로에 이르기까지 교통 체계가 정교하게 연계되도록 계획했다. 적절하게도 도시의 정중앙은 전 교통 시스템의 다층 입체 교차점이다. 두 개의 거대한 고속도로가 그 지점에서 교차한다. 고속도로 아래는 모든 지하철 노선이 교차하는 환승역이다. 고속도로 위에는 중앙 철도역이 자리 잡는다. 이 거대한 구조물의 지붕은 다시 비행기가 착륙할 수 있는 활주로가 된다.

'현대도시'의 정중앙이 이토록 심혈을 기울여 기능적으로 만들어졌지만 사람들이 통상 기대하기 마련인 도심 중심지의 상징적 가치는 결여되어 있었다. 르코르뷔지에는 그곳에 대성당이나 시민 기념비를 배치하지 않았다. 도심의 중심지는 이동하는 사람들을 위해 사용되도록 디자인되었다. 그러나 그의 선택에는 좀 더 깊은 뜻이 있었다. 르코르뷔지에는 자신이 설계한 신도시가 아이디어, 정보, 재능, 즐거움 등을 가장 신속하게 교류하기 위해 존재한다고 믿었다. 대도시를 집중화해야만 도시생활의 특별한 기쁨인 이와 같은 많은 창조적 근접성이 가능해진다고 믿었다. 따라서 중앙역과 입체 교차점은 '현대도시'를 표상하는 적절한 상징물이다. 모든 것이 이동 중이지만 이곳의 속도는 유일하게 일정불변하다.

중앙역 둘레로는 유리와 강철로 건축한 60층짜리 마천루 24동이 들어선다. 마천루에는 '현대도시'의 비즈니스센터, 즉 전체 지역의 '두뇌'가 입주한다. 대칭적으로 배치된 마천루는 르코르뷔지에가 도시계획에 끼친 가장 대담하고도 독창적인 기여를 나타낸다. 각각의 마천루는 거대한 공원 한복판에 자유롭게 자리 잡는다. 그가 지칭한 밀집 도로, 즉 도로 양측으로 4~5층짜리 빌딩이 빽빽하게 도열하고 차량으로 뒤덮인 비좁은 도로는 더 이상 존재하지 않는다. 그 대신 도로는 전체 구역으로 퍼져나가는 형태가 아니라 수직으로 상승하는 도로, 즉 엘리베이터이다. 한 동의 마천루는 근린지구보다 더 많은 가용 공간을 보유하지만, 마천루 자체는 기존의 빌딩보다 아주 조금 더 넓은 대지면적만 차지한다. 따라서 비즈니스센터는 파리의 가장 과밀한 구역보다 훨씬 더 많은 인구가 집중되지만 비교할 수 없을 정도로 덜 혼잡하다. 햇살이 들이치는 조용한 분위기에서 업무가 이루어진다. 모든 창을 통해 멋진 조망이 가능하다. 24개 동의 마천루에는 50만~80만 명의 사람이 근무하지만 마천루는 정작 업무 중심지가 차지하는 대지면적의 15% 정도만 점유할 뿐이다. 나머지 대지는 공원과 정원으로 사용된다.

이전에는 공원이 도시 안에 있는 것이 아니라 도시가 공원 안에 있었다. 르코르뷔지에는 마천루를 통해 도시계획에서 언뜻 대립되어 보이는 두 가지 요소, 즉 밀도와 공지를 조화시켰다. 르코르뷔지에의 모든 위대한 종합이 그렇듯, 그의 종합은 상충되는 두 가지 요소를 타협하는 것이 아니라 양자를 성공적으로 인정하는 것이었다. 마천루는 지표면을 해방시켜 녹지공간을 만들 수 있게 한다. 또한 마천루는 마천루 속에 입주한 기능의 장대함에 꼭 들어맞는 상징이다. 중심지의 고층빌딩은 전체 국민을 관리하는 관료조직의 본부로 사용된다. 르코르뷔지에에게 산업시대는 당당한 합리성의 시대가 될 것이었다. 막스 베버Max Weber가 이미 지적했듯이, 서구 사회에서 이성의 법칙은 관료사회의 지배를 의미했지만 르코르뷔지에는 이 같은 결론으로 위축되지 않았다. 그는 '현대도시'는 하나의 행정도시라는 결론을 포용했다.

따라서 르코르뷔지에는 하워드와 라이트가 현대 도시에서 가장 중요하게 여겼던 것, 즉 사회의 중앙집중화에 대한 현대 도시의 기여를 정확하게 채택해 이상화했다. 그는 사회는 반드시 위에서부터 주도해야 한다고 믿었다. '현대도시'에서 그는 세상을 정돈할 거대 기구들에 대한 자신의 믿음을 선언했다. 비즈니스센터는 가장 핵심적인 본부였다. 그곳은 엘리트들이 사회를 조화롭게 만들기 위해 필요한 효율적인 조정 환경을 제공하는 곳이자 자연스러운 '권력의 자리'였다. 르코르뷔지에는 자신이 말하는 권력은 가장 광의의 의미라고 강조했다. 거대한 마천루는 산업의 본부일 뿐만 아니라 지식인들의 본부이기도 했다. 그는 마천루에 거주하는 사람들을 열거했는데, 그중에는 "비즈니스, 산업, 재정, 정치 분야의 우두머리와, 과학, 교육학, 사상의 대가, 심장의 대변인인 예술가와 시인과 음악가"가 있었다.

거대한 마천루는 사기업이나 사회주의의 본부였을까? 르코르뷔지에는 자신의 계획이 부르주아 자본주의나 공산주의에 호소한 것이 아니라고 주장했다. 왜냐하면 이것은 양측 모두에게 적용되기 때문이었다. 그는 거대한 관료조직에서 수행하는 일은 형식적으로 누가 통제하느냐와는 상관없이 본질적으로 동일하다고 믿었다. 산업사회는 어느 사회를 막론하고 위계질서에 입각해 조직되어야 하고 위로부터 관리되어야 하는데, 이때 가장 책임 있는 지위에는 가장 유능한 사람이 올라야 한다고 그는 생각했다. 르코르뷔지에는 이처럼 자신의 입장을 밝힐 때 당파적 투쟁을 초월한 객관적인 기술자 입장에서 이야기했다.

'현대도시'에서는 모든 주거지가 대량생산되지만 외양이 모두 똑같은 것은 아니다. 한 개인의 주택과 그 주택의 위상은 그 주택이 생산과 행정의 위계질서 내에서 차지하는 위치에 달려 있다. 엥뒤스트리엘Industriel이라는 엘리트들은 도시 내의 호화로운 고층 아파트에 산다. 그들보다 낮은 하위계층은 교외나 위성도시에 위치한 조촐한 전원 아파트에 산다. 엘리트는 도심에 살고 근로자는 교외에 사는 식의 주거 구역 구조는 거대 조직 내의 위계질서에 대응한다. 생시몽이 권고했듯이, 산업의 위계질서가 전체 사회 조직의 모형이 된다.

엘리트들이 거주하는 빌라형 아파트동은 그들이 일하는 장소인 고층빌딩과 동일한 건축 원리를 따른다. 빌딩의 층고가 높아 고도의 인구밀도를 가능하지만, 대지면적 가운데 최소한 85%는 공원, 정원, 테니스장, 그 외 여가시설을 위한 공간으로 남겨 둔다. 그러나 아파트의 구조는 중대한 혁신을 나타낸다. 글자 그대로의 의미에 따르면 이것은 '아파트 주택'이다. 왜냐하면 이 주택은 대량생산된 단독 주택으로 이루어져 있는데, 와인 선반에 병을 쌓아올리듯 이 단독 주택을 아파트동의 강화 콘크리트 프레임에 차곡차곡 쌓아올리기 때문이다. 이런 방식은 아파트의 편리함과 함께 단독 주택의 넓은 공간감, 사생활 보호와 조용한 환경을 거주민에게 제공한다. 각각의 주택 단위는 널찍한 테라스를 보유한다. 아파트동의 꼭대기 층에는 실내 스포츠용 체육관이 건축되며, 지붕에는 300야드짜리 트랙이 설치된다.

르코르뷔지에는 각각의 아파트 동이 그곳에 거주할 엥뒤스트리엘에게 제공할 공동체의 서비스에 각별히 유의했다. 24시간 하녀 서비스와 개별 세탁 서비스가 제공된다. 특별 구매 서비스는 거주자의 식품을 구매해 준다. 식도락 요리담당 직원들은 구매한 재료를 요리해 준다. 또한 이렇게 조리된 음식은 웨이터가 거주자의 아파트나 공동체의 식사실에 시간과 손님의 수에 관계없이 배달해 준다. 르코르뷔지에는 이런 아파트 주택을 모든 직원이 한 개인이 주문할 수 있는 것을 훨씬 능가하는 호사로움을 제공할 수 있는 대양 정기 여객선에 비유했다.

아파트동이 제공하는 수많은 공동체적 편의 기능에 대해 한 학자는 푸리에가 제안한 사회주의적 생활 공동체를 르코르뷔지에가 현대화한 것이라고 보았다. 르코르뷔지에는 자신이 연구했던 에버니저 하워드의 조합적 가정관리 계획으로부터 영향을 받은 것으로 보인다. 하워드의 계획처럼 르코르뷔지에의 계획은 서비스 종사자 문제에 대한 궁극적인 방안으로 제시되었다. 르코르뷔지에의 계획은 공동체의 서비스를 가정 경제에까지 확장시켰고, 이와 동시에 하워드가 주장했던 가족 단위의 사생활과 자율성을 보존토록 했다. '현대도시'에서 각각의 아파트동은 협동조합의 구획보다 10배 이상 넓고 비교가 안 될 정도로 호사스럽지만, 하워드나 르코르뷔지에의 이상향 거주지는 거주민에 의해 공동으로 소유되고 비영리 주택조합으로 운영되도록 되어 있었다.

그러나 하워드는 자신의 구역을 근린 생활의 중심지로 보았다. 르코르뷔지에는 자신의 엘리트들이 도시 생활의 비인간성으로부터 도망칠 수 있는 도피처를 원하거나 필요로 한다고는 믿지 않았다. 엥뒤스트리엘은 '현대도시'가 제공하는 각양각색의 조우를 즐기는 자연스러운 도시 거주민이었다. 아파트동의 서비스는 거주민을 가족과 근린 생활의 평범한 유대관계로부터 해방시키기 위해 존재했다. 그들의 사회 환경은 엘리트 공동체 전체였다.

엘리트의 공공 모임에 적합한 환경을 제공하기 위해 르코르뷔지에는 도시의 각 구역에 각기 다른 기능을 규정했던 자신의 법칙을 위반했다. 그는 경영의 중심지를 문화와 유흥의 중심지로도 만들었다. 르코르뷔지에는 도심의 녹지대 한복판에 마천루로 인해 생기는 그늘에 넓은 테라스를 배치했다. 이곳은 멋진 상점, 카페, 레스토랑, 갤러리가 들어서는 부지이다. 부지와 인접한 곳에는 커다란 극장과 콘서트홀이 들어선다. 행정 건물의 평평한 지붕은 공중 정원이 되고, 어둠이 내린 뒤에는 우아한 나이트클럽이 된다. 이 시설들은 새로운 사회의 살롱이다. 엘리트들은 지상으로부터 600피트 높이의 깊은 정적 속에 모여 담소를 나누고 춤을 춘다. 다른 지붕 정원들은 멀리서 보면 공중에 달린 황금 조각들처럼 보인다. 멀리까지 뻗은 질서정연한 '현대도시'는 이 모든 것 아래서 희미하다.

위성도시에 거주하는 무산계급과 사무직원은 이 같은 호사스러움에 참여할 수 없었다. 르코르뷔지에는 당시 사회의 직무에 따른 위계질서는 특권의 위계질서를 의미한다고 추정했다. 이런 추정은 종종 '현대도시'를 1920년대의 프랑스처럼 계층 구분이 깊이 각인되어 있는 것처럼 보이게 한다. 그러나 르코르뷔지에의 설계에 나타나는 사회적 위계질서는 계층 구분의 근간인 재산과는 거의 관계가 없다. 개인과 그의 재산은 거대 조직에 의해 왜소해진다. 엘리트층 사람은 위계질서의 꼭대기 층에 해당하는 자들의 지위를 물려받을 수 없다. 그들은 실력에 맞춰 순위를 오가는 '유목민'이다. 프랑크 로이드 라이트의 주택은 주택의 소유자에게 속했지만 엘리트층의 거주지는 그 엘리트층에게 속하지 않는다. 소유자의 대지 위에 건축된 완벽하게 고립된 주택에 대한 라이트의 방점은 자급자족에서 비롯되는 독립성을 즐기고자 하는 사회에 대한 그의 믿음에 기인했다. '현대도시'의 아파트동은 그와는 정반대의 원리를 나타낸다. 이 도시에서는 누구도 자신의 주택을 건축할 수 없으며 주택이 건축된 대지를 구매할 수도 없다. 각각의 아파트는 전체가 한데 어우러져 하나의 아름다움과 장대함의 통일된 구조를 형성하는, 거대한 건축적·사회적 단지의 일개 구성요소일 뿐이다. 개인의 특권은 오직 전체 질서의 일부로서 존재한다.

위성도시에 거주하는 무산계급은 엘리트가 지닌 특권 중 어느 것도 누릴 수 없지만, 그들 또한 르코르뷔지에가 만인에게 "본질적 기쁨"이라고 지칭한 것을 제공하는 전체 질서의 일부이다. 이것은 크기나 비용의 문제가 아니라 적합한 계획의 문제였다. 그는 비록 부자의 옷장보다도 작지만 꼼꼼하게 조직화되어 있는 호화 여객선의 특등실을 무산계급에 비유했다.

중앙도시처럼 위성도시의 기본 원리는 단독 주택을 보다 큰 단위로 묶음으로서 경제적·미학적 효과를 달성하는 것이었다. 조그만 잔디밭과 정원이 딸린 소형 단독주택이 아닌, 세부적 통일감과 다양성을 살려 설계된 전원 아파트가 들어선다. 대지는 아파트의 바로 전면에 위치한 구릉 있는 잔디밭, 놀이 공간, 정원을 위해 남겨둔다.

위성도시에서 근로자들은 완벽한 채광을 누린다. 구조물이 벽에 의해 지지되지 않기 때문에 벽은 넓은 창문틀과 함께 개방될 수 있다. 르코르뷔지에는 실내에 대해 여전히 경제적 감각을 살리면서도 넓은 공간의 느낌을 창출하고자 애를 썼다. 대양 여객선이나 기차 객실은 르코르뷔지에에게 방을 기존의 크기에 따라 지을 필요가 없다는 사실을 일깨워주었다. 그는 작은 방은 가능한 한 작게 만들었고 이를 통해 절약한 공간은 넓은 공간의 가족센터, 즉 거실, 식사실, 부엌을 합친 공간으로 만들었다.

그는 이러한 근로자 주택이 새로운 시대에 걸맞다고 믿었다. 이 주택은 과거와는 분명 차별되었다. 이전의 공장 마을에는 녹지대도 어떤 여가시설도 없고 오직 도로만 끝없이 이어져 있었다. 그리고 엘리베이터가 없는 5~6층짜리 건물의 중정 마당은 햇빛이 들지 않았다. 건물 내부의 환기도 되지 않는 방들은 혼미하기까지 했다. 이런 어둡고 눅눅하고 비위생적인 환경은 르코르뷔지에에게 강렬한 빈민가의 상징이자 근로자 주택의 건축을 가능케 한 명백한 사회부패의 징표였다. 위성도시의 각 주택과 들판에 쏟아지는 햇살은 도시계획의 유익한 힘과 새로운 사회 질서의 근본적인 건전성을 동시에 강하게 상징한다.

중앙도시처럼 위성도시는 계획에서 새로운 질서를 확립하기 방법으로 집단적 성격을 강조한다. 르코르뷔지에는 사회 안정을 확보하는 수단으로 보다 현대적인 방식을 믿었다. 게다가 그는 근로자와 그의 가족이 일단 교외 지역의 비좁은 구역에 정착하면 토지에 대해 다시 애착을 가지게 될 것이고 부르주아 입법자들이 도시 무산계층과 연결시켰던 반항적이고 폭도적인 특성을 잃을 것이라는 시각을 경멸해 마지않았다.

르코르뷔지에는 '현대도시'에서 8시간 노동이 야기하는 비인간성은 8시간의 생산적인 여가로 극복된다고 믿었다. 위성도시는 여가도시로서, 이곳에서는 힘든 노동이 안락과 풍요로움으로 보상받는다. 이 도시들은 근로자 가족의 삶을 위한 경쾌한 환경을 제공한다. 스포츠나 다른 신체적 활동을 위한 기회가 풍부하며, 여가생활을 위한 시설로 클럽이나 카페가 들어선다. 위성도시는 근무하면서 명령을 수행하느라 힘들었던 사람들에게 제공된 자유와 창조의 영역이다.

이와 같은 개인에 관한 관심은 '현대도시'에서 나온 것으로 보이지만 실제로는 르코르뷔지에가 시도 중이던 건축적·사회적 통합의 중심 주제였다. 이 도시계획을 설명할 때면 개인성을 말살시키는 지독한 질서 잡기, 대칭성, 압도적인 구조를 지나치게 강조하게 된다.

르코르뷔지에가 계획한 '현대도시'는 엄격한 대칭적 대지 계획을 기반으로 하므로 도로와 건물이 지표면의 15%만 차지한다는 점을 기억해야 한다. 나머지는 바람이 솔솔 부는 보행로, 나무, 잔디밭, 꽃과 놀이 공간에 할당된다. 이런 이중성이 르코르뷔지에의 더욱 큰 의도를 상징한다. 행정도시는 또한 '녹색도시'이다. 질서와 집단성의 대칭적 건설 영역은 동시에 자연과 놀이의 영역이다. 개인성과 자유를 위한 후자의 영역은 '현대도시' 내에 존재한다. 도시의 대지 플랜은 동일한 대상이 두 개의 시점에서 동시에 보이는 입체파 그림과도 같다. 집단의 질서와 개인의 자유는 두 개의 시점이며, 이 두 개의 시점이 병치된 것이 '현대도시'를 정의한다.

르코르뷔지에의 목적과 신념을 밝힌 선언문에 따르면, 그는 '현대도시'를 계획하면서 최고치의 두 극을 가능한 한 완벽하게 통합하고자 시도했다. 현대 세계에서 개인적 삶과 공동체적 삶에 대한 르코르뷔지에의 개념은 수도원의 이상과 동일하게 강렬한 순수성을 지니고 있었다. 이 둘은 극치로 가는 통로였다. 도시는 "자연에 대한 인간의 이해력"을 보여주는 것이다. 도시의 기하학적 형태는 무지와 갈등의 속박에서 해방된 사회의 표현이며, 인간 이성의 법칙에 따라 스스로를 조직한 사회의 표현이다. 르코르뷔지에는 "자유로워진 인간은 기하학을 지향한다"라면서 "인간의 일은 사물들을 정돈하는 것이다"라고 기술했다.

도시가 혼돈스러운 자연의 힘에 맞서 투쟁을 벌이기 시작했지만 도시가 지닌 최상의 목표는 이러한 힘들과 인간을 조화시키는 것이다. 의기양양한 기하학적 질서는 자연을 외계의 존재로 배제할 필요가 없다. 오히려 질서는 질서 자체의 필수적인 상대로 녹색도시를 찾아낸다.

따라서 '현대도시'는 질서만큼이나 여가의 도시이며 생산만큼이나 명상의 도시이다. 근무지의 인간에게 '현대도시'는 하나의 거대 조직이다. 르코르뷔지에는 근무가 끝난 뒤의 도시를 매우 다른 관점에서 본다. 그는 각각의 아파트가 수도승의 작은 방만큼이나 사적인 주거지가 되도록 계획했다. 각각의 아파트는 개별 가정이자 풍요와 사랑의 부지이다. 외부는 기쁨의 정원이자 녹색 도시이며 예술과 놀이의 영역이다. 아파트와 아파트의 주변은 일관적인 환경, 즉 개인적인 성취와 창조의 세계를 형성한다. 르코르뷔지에가 제시한 극단으로 가는 두 길은 '현대도시'에서 만난다.

(3) 빛나는 도시

'빛나는 도시'는 '현대도시'에서 제시된 가장 중요한 원리를 그대로 답습한 것으로, 질서와 행정이라는 집합적 영역과 가족생활 및 참여라는 개인적 영역을 병치했다. 이 두 가지 영역을 병치한 것은 권위와 참여라는 노동조합주의의 난제를 해결하기 위해 르코르뷔지에가 시도한 노력의 핵심이었다.

'빛나는 도시'는 '현대도시'보다 더욱 대담하고 까다로운 종합체였다. 노동조합주의의 모순적 요소를 실현시키기 위해 르코르뷔지에는 '빛나는 도시'를 '현대도시'보다 더욱 권위적이고 더욱 자유로운 형태로 만들었다. '현대도시'처럼 '빛나는 도시'는 자유의 영역을 주거 구역과 동일시한다. 기존에는 산업 영역을 지나치게 강조했다고 여겼는지 르코르뷔지에는 이전 계획에서 고층빌딩이 차지했던 중심지의 용지를 '빛나는 도시'에서는 주거 구역에 넘겨주었다.

또 주거 구역은 기존의 모습과 달라졌다. '현대도시'에서는 르코르뷔지에가 자본주의에 대한 열정으로 기존 중심부에는 엘리트를, 그리고 교외 지역에는 무산계층을 배치하는 식으로 주택을 구분했으나 이제 그 열정이 식었다. 혁명적 노동조합주의자가 된 그는 노동자의 권리를 새롭게 평가했다. 1935년 미국을 방문했을 당시 르코르뷔지에는 센트럴 파크와 레이크쇼어Lakeshore를 따라 자리 잡은 호화로운 아파트 주택들을 칭송하면서도 이렇게 덧붙였다. "나의 생각은 밤에 어두침침한 거주지의 가정으로 돌아가는 지하철 속의 군중을 향한다. 수백만 명의 사람이 희망이 없는 삶, 휴식이 없는 삶, 하늘도 태양도 녹지대도 없는 곳에서 희생하고 있다." '빛나는 도시'에서의 주택은 그들을 위해 기획되었다. 주거 구역은 자유의 세계가 평등해야 한다는 르코르뷔지에의 새로운 확신을 구현했다. "도시가 인간적인 도시가 될 수 있다면 그것은 계층이 없는 도시일 것이다"라고 그는 말했다.

주거 구역은 더 이상 생산 영역에서의 불평등을 단순히 반영하지 않는다. 그 대신 두 영역 간의 관계는 보다 복잡해져서 '빛나는 도시'를 조직의 도시인 동시에 자유의 도시로 만들려는 르코르뷔지에의 결심을 반영했다. '빛나는 도시'에서는 생산 구역이 '현대도시'에서보다 한층 촘촘하게 조직되었고, 명령과 종속의 위계질서도 한층 엄격해졌다. 동시에 여가와 자아성취의 영역인 주거 구역은 극도로 자유로워져서 산업 세계의 위계질서와는 전혀 딴판인 평등과 협동의 원리에 따라 지어졌다. 따라서 르코르뷔지에가 계획한 노동조합주의 사회에서는 시민들이 조직과 자유를 자신의 일상적 삶의 일부로서 경험할 수 있었다.

'빛나는 도시'에서 삶의 중심은 고층 아파트동인데, 르코르뷔지에는 이것을 위니테unite라고 불렀다. 2700명의 이웃이 입주할 각 아파트동은 그가 1914년 도미노 주택 작업에 몰두한 이래 탐구해 온 주택 원리의 정점을 이루었다. 도미노 주택처럼 위니테는 규모, 복잡성, 정교성을 숙련되게 표현했다. 1920년대의 실망과 1930년대의 부상은 새롭고도 위대한 기계시대의 서막이 오르고 있다는 그의 신념을 더욱 굳게 해주었다. 위니테 계획에서 르코르뷔지에는 도미노를 설계한 목적이던 집단적 아름다움의 약속을 구현했다. 그는 도미노 주택이 단지 암시하는 데 그쳤던 집단적 생활의 장대함도 달성했다. 르코르뷔지에는 위니테의 모든 주민이 심지어 자신이 '현대도시'의 엘리트를 위해 계획했던 것 이상의 자유와 풍요로움을 누리게 될 것이라고 여겼다. 위니테 내의 아파트는 산업 위계질서에서 근로자가 차지하는 위치를 근간으로 삼는 것이 아니라 근로자 가족의 수와 그들의 필요에 따라 배정되었다. 르코르뷔지에는 아파트를 설계할 때 "부유한 자나 가난한 자가 아니라 사람에 대해 생각했다"라고 말했다. 그는 공간의 낭비적 소비로 지위를 나타내는 호화로운 주택의 개념으로부터, 또는 절대적 위생의 최소 비율에 근거한 근로자 주택의 설계 개념으로부터 벗어나고 싶었다. 그는 주택은 옹색하거나 낭비적이지 않게, 모든 사람에게 적합한 '인간적 크기'로 건축될 수 있다고 믿었다. 어느 누구도 더 크거나 더 작은 것을 얻고자 하지 않는다.

그러나 위니테의 방점은 개별 아파트에 있는 것이 아니라 모든 거주민에게 제공되는 집단적 서비스에 있다. '현대도시'의 빌라 – 아파트동처럼, 르코르뷔지에는 여가 시설을 조합식으로 공유하면 가장 부유한 개인이 단독주택에서 누릴 수 있는 것보다 한층 다양하고 쾌적한 환경을 각 가정에 제공할 수 있다는 원리를 따랐다. 게다가 이런 시설은 노동조합주의 사회에서 시민들이 공장이나 사무실에서 수행한 8시간의 노동에 대한 보답과 보상으로서 명백하게 사회적 기능을 띤다.

그러나 르코르뷔지에게 가장 중요한 것은, 위니테가 산업사회에서 근무시간 동안 심각하게 위축된 신체적 활동을 위해 모든 종류의 신체활동 기회를 제공한다는 것이었다. 각각의 위니테 내에는 일정한 규모의 체육관이 건립된다. 지붕에는 테니스 코트, 수영장, 심지어 모래 호수도 있다. 여기서도 고층빌딩은 대지면적의 15%만 차지하고 고층빌딩을 둘러싼 공지는 운동장, 정원, 공원으로 정교하게 조경된다.

위니테가 제공하는 가장 기본적인 서비스로 인해 가족에 대한 새로운 개념이 형성되었다. 르코르뷔지에는 남자와 여자가 동등하게 정규직으로 일하는 사회를 예견했다. 그러므로 그는 여성이 가사를 책임지고 남자는 노동의 대가로 임금을 받는 하나의 경제 단위로서의 가족은 종말을 맞을 것이라고 예측했다. 위니테에서는 사회가 조리, 청소, 양육에 대한 서비스를 제공한다. 각각의 빌딩은 아이돌봄센터, 육아실, 초등학교, 조합 운영 세탁실, 청소 서비스, 음식 상점 등을 갖춘다. '빛나는 도시'에서는 가족이 수행해야 할 경제적 기능이 아무것도 없다. 가족은 그 자체로서 목적으로 존재한다.

르코르뷔지에와 라이트는 둘 다 산업사회에서 가족을 보존하는 데 깊은 관심을 가지고 있었지만, 여기서도 그들은 정반대의 전략을 채택했다. 라이트는 가족의 전통적인 경제적 역할을 되살려 강화하고 가족을 사회의 일과 가족 여가의 중심지로 만듦으로써 가족의 생존을 보장하고자 했다. 라이트는 노동과 여가가 하나 되는 삶을 믿었다. 반면 르코르뷔지에는 심지어 가족까지도 '빛나는 도시'의 특징인 노동과 놀이의 명확한 구분에 종속시켰다. 가족을 놀이의 영역에 넣은 것이다.

따라서 위니테는 새로운 문명을 위한 고층 건축물이다. 르코르뷔지에는 사회가 혁명을 치른 이후에야 자신의 계획이 진정으로 성취될 수

▌르코르뷔지에가 제시한 '현대도시' 계획도
자료: https://www.flickr.com/search/?text=le%20corbusier

▌르코르뷔지에가 제시한 '빛나는 도시' 계획도
자료: https://www.flickr.com/search/?text=le%20corbusier

있다는 점을 조심스럽게 강조했다. 그러므로 그는 공원의 폭력강도, 엘리베이터 내의 야만적인 행위에 대해서는 결코 걱정하지 않았다. '빛나는 도시'에서는 범죄와 빈곤이 더 이상 존재하지 않을 것이기 때문이었다. 위니테가 미래를 지향하고 있다면 그것은 완벽한 조합주의 사회에 대한 19세기의 유토피아적 희망, 즉 에버니저 하워드의 조합주의적 구획에 영감을 주었던 것과 동일한 희망에 뿌리를 두고 있었다. 르코르뷔지에는 최첨단 대량생산의 기술에서 집단적 즐거움의 형태를 발견했다. 그에게 행복의 건축물은 산업 시대를 위한 건축물이기도 했다.

끝으로, 사회주의적 생활 공동체의 공동주택과 위니테를 비교해 보면 르코르뷔지에가 꿈꾸던 이상향 도시의 복잡한 성격이 드러난다. 르코르뷔지에의 건축은 19세기 사회 사상가로서 강력한 적수였던 푸리에와 생시몽 모두에 기반을 두고 있기 때문이다. 르코르뷔지에가 지닌 사회사상의 중심은 생시몽의 철학을 바탕으로 하는 반면, 르코르뷔지에의 건축은 푸리에가 제안한 사회주의적 생활 공동체를 현대화한 것이라고 볼 수 있다.

19세기의 선지자 푸리에와 생시몽의 경쟁은 개인적인 경쟁 이상이었다. 그들의 시대 이래로 프랑스의 유토피아 사상은 두 개의 분명한 전통으로 나뉘었다. 생시몽의 전통은 완벽한 산업적 위계질서를 지닌 사회에 대한 꿈이다. 도시를 기반으로 하는 이 전통에서는 기술을 사상으로 삼고, 생산을 목표로 삼으며, 조직을 궁극의 가치로 삼는다. 반면 푸리에와 그의 추종자들은 사회를 완벽한 공동체로 상상했다. 농촌을 기반으로 하는 이 전통은 규모가 작고 평등주의적이며 즐거움과 자아성취에 헌신한다. '빛나는 도시'에서 르코르뷔지에는 이 두 가지 전통을 독창적으로 종합한다. 그는 푸리에주의자들이 추구하던 사회주의적 생활 공동체의 공동주택을 생시몽이 추구하던 산업사회의 중심에 놓는다. 따라서 공동체와 조직은 르코르뷔지에가 계획한 기계시대를 위한 이상향 도시에 필수적인 요소이다.

계획에 대한 르코르뷔지에의 핵심 사상은 그의 저서 『오늘날의 도시 La Ville Contemporaine』(1922)와 『빛나는 도시La Ville Radieuse』(1933)에 잘 나타나 있다. 근대 건축의 거장 르코르뷔지에는 기존의 도시 구조로는 자동차시대에 대응할 수 없다는 데 동의하고 대도시의 중심부를 모두 개조해야 한다는 충격적인 제안을 했다. 그는 초고층빌딩과 고가 자동차도로 위주인 도시 구조로 인해 발생하는 도시의 문제를 근대 건축을 수단으로 삼아 해결하고자 했다. 르코르뷔지에는 근대의 도시화를 규제하기보다는 기계 문명을 긍정적으로 받아들여 규제를 도시를 발전시키는 힘으로 유도하고자 했다. 방법론적으로는 생물학과 생리학의 영향을 받아 도시와 인체의 구조를 비교했다. 즉, 커다란 녹지는 폐이고, 오늘날의 가로는 새로운 조직체라고 생각했다. 르코르뷔지에는 도시에 대해 다음과 같은 전제를 안고 설계를 시작했다(Hall, 1982: 74~75).

첫째, 전통적인 도시의 중심부는 규모가 커질수록 체증이 심화되어 기능적으로 쇠퇴한다. 예컨대 뉴욕의 맨해튼처럼 규모가 큰 고층건물이 밀집한 도시는 동심원적으로 성장해 모든 도시 중심의 업무지구는 혼잡이 가중된다. 따라서 도심의 개발 밀도를 높여서 이를 분산시켜야 한다.

둘째, 밀도를 높여서 교통체증을 해결해야 한다. 고층 건축물이 국지적으로 위치한 지역은 밀도가 매우 높지만 고층건물 주위에서 활용할 수 있는 공지의 밀도 또한 매우 높기 때문에 교통체증이 일어나지 않을 것이라고 그는 여겼다. 예컨대 르코르뷔지에는 '부아쟁 계획Plan Voisin'에서 공지율을 95%로 제시했다. 그는 1922년 이후 자신의 '파리 계획'에서 조경 계획을 통해 확보한 넓은 공지를 이용해 초고층 건물이 분리 배치되도록 구성했다. 르코르뷔지에는 도심을 구상하면서 순주거 밀도가 에이커당 1000명을 상회할 만큼 전체적으로 밀도가 높지만 지상면에 건물이 없는 공지의 비율도 상당히 높도록 계획했다.

셋째, 도시 내의 밀도 배분을 조정해야 한다. 전통적으로 주거인구밀도는 외곽보다 도심지가 훨씬 높다. 1860년대 이후 대중교통수단의 발달로 밀도의 경사는 다소 평탄해져 도시 중심의 밀도는 다소 낮아지고 오히려 외곽에서 밀도가 상승했다. 르코르뷔지에는 실제로 도시 전역을 균등한 밀도로 대체할 것을 제안했다. 이는 중심 업무지구에 대한 압력을 완화시켜 중심 업무지구가 사라지게 만든다고 그는 주장했다. 르코르뷔지에는 이렇게 되면 오늘날 도시의 특징이 된 도시 중심으로의 강한 방사형적 유입과 유출 대신 도시 전역에 걸친 이동의 흐름을 유도할 것으로 예상했다.

넷째, 이처럼 새로운 도시 형태는 철도와 완전히 분리된, 새롭고 효율성이 높은 고가 자동차 도로를 통해 도시 교통을 효과적으로 소화할 수 있다. 르코르뷔지에는 1920년대 초, 로스앤젤레스나 다른 지역에서 입체 고속도로가 건설되기 오래 전에 이미 입체 고속도로 교차로를 창안하고 이를 건설하자고 주장했다.

(4) 부아쟁 계획

'현대도시'에는 역사가 없다. '현대도시'는 한 사람의 상상력에서 비롯되었는데, 처음부터 거의 모든 것을 갖춘 형태로 설계되었다. 이상향 도시를 계획하면서 르코르뷔지에는 도시계획의 법칙을 창조하고 또 그 법칙을 예외 없이 적용하는 절대적 자유를 누렸다. 르코르뷔지에는 스스로 설명한 것처럼 자신의 영역 내에서는 "제도판 위에서 세상을 조직할 수 있는" 절대 군주였다. 어떤 문제도 그의 완벽한 대칭의 미를 방해하지 않았다.

그러나 이론에서 실무로 옮겨가자 그는 곧바로 권좌에서 쫓겨났다. 그는 특정 부지와 특정 사회가 지닌 한계에 봉착할 수밖에 없었다. 르코르뷔지에는 자연의 제약에 대해서는 효과적으로 해결했다. 그의 상상력이 가장 풍부하게 발동된 계획, 예컨대 알제리의 수도 알제Algiers와 브라질의 리우데자네이루Rio de Janeiro를 위한 계획은 까다로운 지형에 자신의 원칙을 뛰어나게 적용한 사례였다. 하지만 사회적 한계에 대한 그의 해결 방안은 그처럼 평온무사하지 않았다. 대규모 계획 앞에 놓인 많은 장애물 때문에 그는 골치를 앓았는데, 예를 들면 도시를 수천 개의 자그마한 개별 소유지로 나누는 토지법, 세분화되어 있는 정부의 권한, 과거의 도시로 인한 현 도시의 형태적 한계, 구도시에 집착해서 "위대한 작업의 시대"를 열기를 거부하는 시민들이 문제였다.

르코르뷔지에는 단편적인 계획에 대해서는 믿음이 없었다. 그가 '현대도시'에서 개발한 대도시의 조화의 원리를 기존의 대도시에서 실현하기 위해서는 다른 많은 요소와 조정해야 했다. 계획가가 자신의 고유한 도시 질서를 자유롭게 창조하기 위해서는 공지가 필요했다. 그는 전체 환경의 주인이 되어야 했다. "전체를 조망하지 않고는 어느 것도 제대로 실행할 수 없다"라고 르코르뷔지에는 말했다. 그가 '현대도시'에 적용시킨 이런 '법칙'은 도시계획을 고도로 복잡한 조직의 문제로 만들었다. 고층빌딩은 자신을 뒷받침해 줄 교통시스템을 필요로 했다. 또한 교통시스템은 효율적이어야 하는데, 공원으로 할당된 85%의 대지를 침범해서는 안 되었다. 그리고 이와 유사한 수천 개의 문제가 사전에 해결되어야 했다. 그런 연후라야 시대에 걸맞은 효율적인 공동체 질서가 확립될 수 있었다.

계획가가 자신의 방안을 실행에 옮기기 위해서는 권한과 자원이 필요하다. 르코르뷔지에는 자신이 추구하는 도시의 변화를 달성하기 위해서는 세계대전 당시의 군사 동원과 유사한 노력이 필요하다는 사실을 깨달았다. 이러한 거대한 전망은 그를 흥분시켰다.

그와 같은 노력은 1925년 파리시를 위한 부아쟁 계획과 함께 시작되었다. 출발은 결코 조촐하지 않았다. 그는 파리 한복판에 있는 약 2제곱마일 규모의 밀도 높은 업무 지구를 완전히 허물 것을 제안했다. 대신 그 자리에 18개 동의 고층빌딩을 건축하고 그 주위로 호화 아파트와 정원을 배치하며 부지를 양분하는 고속도로를 중심부로 관통시키도록 했다. 국제적인 대기업의 본부인 고층빌딩을 세워 파리를 세계 경영의 중심지로 만든다는 거창한 계획이었다.

놀랄 것도 없이 이 계획은 공격을 받았다. 첫째, 이 계획이 도시의 중심부로 인구를 과도하게 집중시킬 것이며, 또 그 지역의 땅값이 워낙 비싸기 때문에 땅을 비우는 일 자체가 지극히 어렵다는 이유에서였다. 둘째, 이 계획으로 인해 파리의 풍요롭고 다양한 대중적 생활은 물론 오밀조밀 형성된 구도와 파리의 건축 유산까지 근본적으로 파괴되리라는 것이 문제였다. 비록 1920년대부터 르코르뷔지에가 선보인 대부분의 작품이 존경 속에서 발전했지만 부아쟁 계획은 최초로 선보였던 때와 똑같은 두려움을 자아냈다. 부아쟁 계획은 계획 본연이 지닌 대담성이라는 점에서 비난을 받았을 뿐만 아니라, 다른 계획가가 이후에 수행한 다른 많은 고약한 계획의 원형이라는 비난도 감내해야 했다. 맞건 그르건 간에 부아쟁 계획에 구현된 개념은 도시계획의 실무에 기여한 르코르뷔지에의 몫을 나타낸다. 그러므로 그가 그처럼 급격한 변화를 처방한 이유를 이해하는 것이 중요하다.

그러므로 르코르뷔지에는 인구가 가장 많고 부동산의 가치가 가장 높으며 전통에 가장 깊이 젖어 있는 지역, 즉 변화에 대한 저항이 가장 심한 지역을 변화시키는 데 매달렸다. 그는 중심지를 변화시키는 데 그치지 않고 좁다란 도로망 및 도로에 늘어선 거의 모든 건물을 부수었으며, 파리 한복판을 고속도로가 교차하는 거대한 열린 공간으로 만들었고, 도시의 다른 모든 건축물을 왜소하게 만들 고층빌딩을 듬성듬성 배치하는 데 매달렸다. 구도시의 피륙을 이처럼 급격하게 찢는 행위로 인해 많은 비평가들은 르코르뷔지에를 도시의 아름다움과 활력의 진정한 근원을 전혀 이해하지 못하는, 방향 감각을 상실한 형식주의자라고 확신했다. 결과적으로 그가 도시의 거리 생활을 포함해 도로를 파괴하려 한다는 것이 비평가들 논거의 핵심이었다. 그러나 분명한 사실은 르코르뷔지에가 도로를 파괴하려 한 것은 오직 도로를 구원하기 위해서였다는 것이다.

자동차와 고층빌딩의 시대에 복도 같은 도로는 제 기능을 다할 수 없는 죽은 기관이었다. 부아쟁 계획에서 르코르뷔지에는 이런 기능을 두 가지 부분, 즉 교통과 친목으로 분석하고 도로가 지닌 문제를 해결할 두 가지 새로운 도시적 형태를 창조했다. 교통은 고속도로를 통해 이루어지는데, 이 고속도로는 아무런 장애물도 없으며 단지 이동을 위한 대로이다. 그리고 공원에 솟아오른 고층빌딩 한가운데 자동차 차량과는 완전히 분리된 휴식의 도로이자 높은 산책로가 있다. 이 휴식의 도로는 3층 구조이다. 첫 층은 거대한 쇼핑단지로 군데군데 호수와 도로변 카페가 늘어선다. 완만한 오르막 램프가 있어서 두 층의 상층 산책로로 이어지는데, 산책로의 양쪽에는 상점, 클럽, 레스토랑이 늘어선다. 최상층은, 르코르뷔지에가 열정적으로 그린 장면대로, "나무들의 꼭대기 정도의 높이에 위치해 있기 때문에 그곳에서는 나무의 바다가 펼쳐진 것이 보인다. 그리고 그 숲속 곳곳에 장엄한 크리스털, 순정의 기둥, 투명하고 거대한 고층빌딩이 보인다. 장엄하고 고요하고 즐겁다".

르코르뷔지에는 자신에게 야만인이라고 비난하고 자신의 계획이 파리와 파리의 유산에 대한 미래파의 공격이라고 비판한 사람들에게 자신의 계획은 전적으로 전통과 부합된다고 응수했다. 과거의 기념물은 파괴로부터 보호되어 고층빌딩 주변의 공원 안에 박물관의 물품처럼 보존된다. 그러나 이보다 더 중요한 것은 르코르뷔지에가 자신을 '전통주의자'로 간주했다는 점이다. 그에게 전통은 관습과의 혁명적 단절을 의미하기 때문이었다. 노트르담의 고딕 양식은 로마네스크 양식에 대한 놀라운 거부였다. 퐁 네프 다리는 고딕 양식을 저버렸다. 의식은 역사 속에서 펼쳐진다. 모방을 칭송하면서 쇠락의 위험을 무릅쓰지 않는다면 누구도 역사를 발전시킬 수 없다. 르코르뷔지에에게 과거의 기념물을 진실하게 대하는 자세는 그 기념물의 혁명 정신을 계승하는 것을 의미했다. "특정한 시기에 인간은 창조를 재개한다. 그리고 그 시기는 행복한 시기이다." 부아쟁 계획은 새로운 시대가 목전에 다가와 있음을 선언했다. 오직 불임을 선호하는 고리타분한 취향만 그 사실을 부정할 수 있을 것이었다. 그것은 "과거의 이름으로 현재를 부정하는 일이다".

르코르뷔지에는 부아쟁 계획이 특히 파리의 도시계획 전통에 적합하다고 믿었다. 그가 존경하는 사람들, 방돔 광장Place Vendôme과 앵발리드Invalides를 만든 루이 14세, 리볼리가rue de Rivoli를 만든 나폴레옹, 무엇보다 오스만 남작은 파리에 일종의 기하학적 질서를 부여하고자 했던 사람이다. 부아쟁 계획은 이러한 전통에 꼭 필요한 후속편이며, 자동차와 고층빌딩이 지배하는 시대의 질서에 관한 탐구였다.

르코르뷔지에는 계획가는 경험적 도시의 현실적 삶과 거리를 두어야 한다고 결론지었다. 왜냐하면 그래야만 이상형 도시가 지닌 조화와 아름다움을 깨달을 수 있기 때문이다. 그는 "완화책에 미혹되거나 그 완화책으로 인해 행동의 제약을 받아서는 안 된다. 오직 도시를 수술하는 것만이 도시의 질서를 창조할 수 있다. 환자의 몸을 가르는 외과의처럼, 계획가는 맹렬하게 도시생활의 조직에 변화를 가해야 하며 고통스럽게 도시의 건강을 회복시켜야 한다"라고 말했다.

계획가에 대한 르코르뷔지에의 개념에는 각기 다른 두 개의 이미지가 중첩되어 있다. 하나는 과학자, 외과의, 기술자로서의 계획가로, 도시 문제를 연구하고 분명한 대책을 수립하며 굳은 의지로 그 대책을 실행에 옮기는 이성적인 사람, 사심 없이 인류를 사랑하는 사람의 이미지이다. 다른 하나는 예술가로서의 계획가로, 직관력이 정신적 삶의 가장 심오한 기록인, 고독하고도 비전을 지닌 사람이다.

라이트처럼 르코르뷔지에도 건축가-계획가는 사회의 자연스러운 지도자라는 결론에 도달했다. 그러나 그는 지도자에 대해 라이트와는 매우 다른 개념을 지니고 있었다. 라이트는 지도자의 임무란 조직화되지 않은 개인들에게 광범위하게 호소하는 것이라고 생각했으나, 르코르뷔지에는 엘리트를 변화시키는 것이라고 믿었다. 르코르뷔지에의 계획은 당시 대기업의 지도층의 마음을 움직여야 했고 핵심적인 결정권자에게 영감을 주어야 했다. 그는 자신의 '파리 계획'을 주요 자동차 회사의 사장들에게 소개함으로써 이 일에 착수했다. 르코르뷔지에는 "자동차가 위대한 도시를 죽였습니다. 자동차는 이제 도시를 구원해야 합니다"라고 선언했다. 그러니까 프랑스의 자동차 회사 시트로엥이 그의 계획을 후원해야 했다. 하지만 시트로엥은 그 기회를 잡지 않았고, 르코르뷔지에는 부아쟁 항공회사의 자동차 부서에게 인쇄와 전시회 비용을 부담하도록 설득했다. 부아쟁 계획으로 새롭게 명명된 계획을 가지고 그는 산업계의 거물들에게 파리를 재건하도록 설득하기 시작했다.

그는 이윤이라는 동기만으로도 자신의 계획을 추천하기에 충분하다고 믿었다. "도시계획이 이윤을 창출한다"라는 것이 그의 경구였다. 그는 은행과 기업이 제공한 자금으로 민영 컨소시엄을 조직하고 지정된 지역 내의 모든 땅을 구매해서 건물들을 부순 다음 이 건물들을 대체할 18개 동의 고층빌딩을 건설할 것을 제안했다. 르코르뷔지에는 각각의 고층빌딩은 근린지구 전체만큼이나 많은 임대 공간을 제공할 것이고, 대부분의 땅을 공원부지로 남겨두더라도 이전 업무지구보다 다섯 배나 많은 사무 공간을 제공할 것이며, 그 공간은 현대 비즈니스 시대에 들어맞는 효율적이고 아름답고 질서정연한 공간이 되어 땅의 가치가 적어도 네 배는 상승할 것이라고 주장했다. 르코르뷔지에는 이 프로젝트 전체

| 르코르뷔지에가 제안한 부아쟁 계획의 모형
자료: https://www.flickr.com/search/?text=le%20corbusier

가 놀랄 만큼 수익성이 뛰어나다는 사실을 입증하기 위해 에버니저 하
워드의 회계를 연상시키는 정교한 공식을 내놓았다.

부아쟁 계획은 르코르뷔지에가 대기업에 매혹된 시기의 정점에 이
루어졌다. 그는 국제적인 기업의 주도로 '위대한 작품의 시대'가 열릴 것
이라고 전망했다. 정부의 역할은 혼란스러운 건축법규를 정돈해서 건축
이 진행되도록 만드는 것으로 한정되고, 생시몽의 이론처럼 거대한 민
간 조직이 정부의 기능을 맡으며, 민간 조직의 지도자가 채택한 계획은
만인을 위한 도시의 형태를 결정지을 것이라고 르코르뷔지에는 생각했
다. 르코르뷔지에는 최고 경영자들이 자신의 제안을 수락하리라고 자신
했다. 그러나 최고 경영자들은 르코르뷔지에의 제안을 거절했고, 그는
자신의 전략뿐만 아니라 그 전략이 기초한 사회에 대한 관점도 재검토

해야 했다.

(5) 종합

르코르뷔지에는 1922년 출간한 『오늘날의 도시』에서 도시 중심과 외곽에 차별적인 공간 구조를 배치했다. 파리 중심부를 개조해 24개의 초고층 건물을 건설하는 것으로 설계된 부아쟁 계획은 산업과 과학 및 예술을 위해 에이커당 1200명의 밀도로 총고용 인구 40만~60만 명을 수용하는 직장을 배치했다. 르코르뷔지에는 초고층 건물의 배치로 95%의 공지를 활용할 수 있다고 보았다. 중심지의 외곽 지역에는 두 가지 유형의 주거지를 배치했는데, 그 가운데 하나는 부아쟁에 근무하는 엘리트 계층을 위한 60층짜리 호화 아파트로, 85%는 공지로 남게 했다. 다른 하나는 외곽의 근로자를 위한 주거지로, 48%가 공지로 활용될 수 있도록 농촌 주위의 격자형 가로망을 따라 주택을 배치했다. 특히 그는 부아쟁 계획에서 역사 지구를 포함한 파리의 넓은 지역을 대상으로 새로운 형태의 재개발을 제시했는데, 프랑스는 르코르뷔지에가 제시한 이 아이디어를 실행에 옮기지 않았다. 또한 그가 시사했던 극단적인 형태의 밀도는 세계 어느 곳에서도 실제로 적용되지 않았다. 르코르뷔지에는 자신의 계획을 실행으로 옮기지 못하자 심한 좌절감에 루이 14세나 나폴레옹 3세처럼 자신의 아이디어를 실현시켜 줄 대담한 절대군주를 찾아나서기도 했다.

1933년 출간한 『빛나는 도시』에서는 도시 건설에 질서와 위계를 부여한 체계적인 종합 계획을 제시했다. 그는 모든 사람이 필요한 최소한의 공간만 가지고 집단적으로 서비스를 받는 위니테라는 형태의 아파트

를 제시했다. 그는 1946년 마르세유에 위니테 다비타시옹Unite d'Habitation
(1946~1952)을 설계해 사람들로부터 주목을 받았다. 또한 인도 펀자브
Punjab주의 주도 찬디가르Chandigarh의 대형 프로젝트도 지휘했으나 이는
그가 죽은 후에 완공되었다.

제2차 세계대전 이후 도시를 계획하는 데서 르코르뷔지에가 끼친 영
향은 지대했다. 1930년대와 1945년 이후에 교육을 받은 계획가와 건축
가들은 그의 저작물을 격찬했다. 실제로 그 이후 각국에서는 르코르뷔
지에의 아이디어를 자신들 나라에 적용하려 노력했다. 예를 들면 영국
에서는 1950년대에 런던시 건축과가 르코르뷔지에의 영향을 특히 크게
받았는데, 그중에서 최고의 작품은 런던 남서쪽 로햄프틴Roehampton에
있는 앨턴 서부단지Alton west estate이다. 이곳에는 정밀하게 조경된 공원
용지 사이로 고층 블록이 들어서 있어 르코르뷔지에의 개념과 딱 맞아
떨어진다. 1950년대 말과 1960년대 초 영국 전역에서 실시된 불량 주거
지 정비와 도시 재개발 후 고층건물 건축 열풍은 르코르뷔지에로부터
영향을 받은 결과였다. 그러나 1960년대 말, 새롭게 공급된 고층 블록이
지닌 비인간성에 대한 저항이 증대했고 많은 비평가들은 르코르뷔지에
의 아이디어를 실현하는 데 필수적으로 수반되는 대대적인 도시 재개발
에 대해 의문을 품기 시작했다.

일반적으로 영미 전통과 유럽 대륙 전통 간 차이는 여전했지만 1945
년 이후 두 전통이 서로 혼합되어 재개발된 영국의 많은 도시는 얼핏 봐
서는 이곳이 버밍엄인지 뉴캐슬인지 암스테르담인지 밀라노인지 바르
샤바인지 구분조차 어려운 지경이 되었다.

르코르뷔지에는 공간, 속도, 대량생산, 관료의 조직화를 현대 대도시

의 새로운 이미지를 만드는 필수 요소로 파악하고 이런 요소를 도시에 실질적으로 적용하고자 했다. 그의 시도는 건축과 도시계획 모두에 직접적인 충격을 주었다. 그는 기계로 만든 환경, 가공된 광장, 깨끗한 공기, 뛰어난 조망을 현대 도시에 적용했다. 그러나 르코르뷔지에는 도시의 성격, 그리고 도시 내에서 약동하는 집단, 관련 단체와 클럽, 친목조직 등에는 주의를 기울이지 않았다. 요컨대 그는 도시가 지닌 본질적인 사회적·시민적 성격은 일체 배제한 채 현대 도시의 외양만 구상의 대상으로 파악했다. 결과적으로 르코르뷔지에는 도시의 새로운 기계적 시설을 지나치게 강조했으며, 도시의 진보와 기하학적 질서, 사각의 직선적인 설계, 관료 조직 등에 높은 비중을 두었다.

현대의 철골구조 기술에 매료된 르코르뷔지에는 부아쟁 계획에서 파리의 역사적 구역을 모두 헐어내고 효율성이라는 미명하에 이를 타워형의 철골 구조물로 대체하고자 했다. 르코르뷔지에는 건축물의 수평적 요소보다 수직적 요소를 강조하면서 건축물의 높이를 새로운 질서 창출의 한 요소로 간주했다. 그 결과 건물들 사이에 공지를 배치하는 새로운 공원 형태를 통해 '공원 속의 도시'라는 새로운 도시 이미지를 창출했다. 루이스 멈포드의 표현을 빌리자면, 르코르뷔지에는 "유기적인 자연 환경의 낭만적 이미지와 초고층 도시의 효율성과 경제적 번영의 이미지를 혼인시켜 사실상 불임의 혼혈을 만들었다". 르코르뷔지에는 낮은 건폐율을 높은 용적률로 보상함으로써 그때까지 양립 불가능했던 두 가지 조건을 일거에 만족시켰다. 이로써 한편으로는 고밀도 계획으로 고지가 문제를 해결했고 다른 한편으로는 넓은 공지를 확보해 보다 큰 개방감을 줌으로써 채광과 환기 문제를 해결했다. 이 같은 방식의 배치는 다양한 인간적 욕구와 복잡다단한 인간관계에는 주의를 기울이지 않기 때문에 하나의 공식처럼 어느 곳에서나 기계적·반복적으로 사용할 수 있다. 이처럼 인간을 배제한 배치 계획은 결국 실패해 제인 제이콥스Jane Jacobs의 표현대로 "도시 재개발 프로젝트에 적용되어 대재앙을 잉태한 성공"이었다고 평가할 수 있다.

기계문명에 대해 낙관적으로 여기면서 기계문명이 초래하는 보편화와 획일화를 선호한 르코르뷔지에의 기능주의적 도시계획은 단순·명쾌하고 강렬하며 풍부한 표현으로 사회에 커다란 영향을 미쳤다. 르코르뷔지에로부터 영향을 받은 건축가 집단은 조형적 측면에 편향되어 결국 사회적 측면을 외면하는 결과를 낳았고 일반 도시에서 그들의 계획이 실현된 사례는 극히 적었다. 하지만 르코르뷔지에가 주창한 기능주의적 도시계획은 도시계획의 목적을 넘어 방법론적으로도 만만치 않은 영향을 미쳤다.

6) 암스테르담 회의의 7대 원칙

시간이 지날수록 도시를 개혁하려는 시민들의 의욕도 점차 증대되어 두 곳에 전원도시가 건설되었다. 또한 1913년에는 하워드를 회장으로 하는 국제전원도시계획협회가 결성되었는데, 이후 이 모임은 수차례 수정을 거쳐 지금은 국제 주택 및 도시계획회의International Federation for Housing and Planning: I.F.H.P.로 명칭이 바뀌었으며, 자주 국제회의를 열어 그 해의 중요한 과제를 토의해 왔다. 하워드의 전원도시 운동을 계기로 결성된 국제 주택 및 도시계획회의는 1924년 암스테르담 회의에서 대도시권 계획에 관한 7대 원칙을 선언했다.

1. 대도시를 무한정 팽창시키는 것은 결코 바람직하지 않다.
2. 과대도시를 예방하기 위해 위성도시로 인구를 분산한다.
3. 녹지대로 기성 시가지를 에워싼다.
4. 교통문제를 중시한다.
5. 지역계획의 중요성을 강화한다.
6. 유연한 지역계획을 시행한다.
7. 토지이용 계획을 중시한다.

레치워스와 웰린을 설계한 언윈은 이 회의의 지도자 가운데 한 사람이었다. 이 7대 원칙에는 근대 도시계획이 해결해야 하는 문제점은 대도시 계획을 통해 해결한다는 기본 방침이 명확하게 제시되어 있다. 이 7대 원칙은 1926년 독일의 '대도시 모델', 1928년 '뉴욕 대도시 지역계획', 1934년 '도쿄 녹지계획', 1940년 '영국 왕립 산업분산 위원회' 등에 적용되었다.

7) 근대건축국제회의

7개국 24명의 건축가에 의해서 1928년에 설립된 근대건축국제회의 International Congresses for Modern Architecture: CIAM는 현대 대도시의 주택, 교통순환, 보건문제에 대한 건축적 해법을 토론하고 이 해법을 전파시킨 포럼이다. 이 포럼은 한편으로는 도시개발의 19세기 형태를 재형태화하는 일에 전념하면서 다른 한편으로는 프랑크푸르트, 베를린, 암스테르담 같은 사회 민주적 행정부에서 추진한 주거개선 노력과 연관되어 있었다. 르코르뷔지에가 자신의 아이디어를 성공적으로 공표할 수 있었던 것은 10차에 걸쳐 개최된 근대건축국제회의에 힘입은 바 크다.

제1차 회의

근대건축국제회의는 1928년 6월 스위스의 라사라La Sarraz성에서 근대건축 운동의 새로운 협동적 발전을 위한 협의체로 결성되었다. 근대건축국제회의는 '건물 디자인뿐만 아니라 현대 도시의 전체적인 틀 개혁'을 목표로 라사라 선언을 발표했다.[11]

이 선언은 도시계획이란 각종 지역·지구를 조직화하는 것이며 도시계획의 본질은 그 지역·지구를 기능적으로 만드는 데 있다고 밝혔다.

제2차 회의

1929년 에른스트 마이의 초대로 1929년 프랑크푸르트에서 개최된 두 번째 회의는 최저 소득 계층을 위한 주택문제를 비교 연구하는 데 집중했다.

제3차 회의

1930년 브뤼셀에서 열린 제3차 회의는 '합리적 단지 계획Rational Site

---

11 르코르뷔지에는 1928년 라사라 선언으로 설립된 근대건축국제회의의 창시자 가운데 한 사람이다.

Planning'이라는 문제에 헌신했다. 근대건축국제회의는 도시와 지역을 완전히 이해하고 집단적 이익에 사적 이익을 종속시킬 수 있는 주택, 레크리에이션, 차량순환 문제에 대한 물리적 해법을 제안하는 데 자신의 정체성을 부여했다.

이러한 시도는 도시계획 전문성의 핵심 아이디어를 건축 영역에 위치시켰지만, 근대건축국제회의 멤버 중 일부는 바우하우스와 현대 회화, 그리고 조각의 발전에 깊이 관여했다. 하지만 근대건축국제회의 초기에는 미학적 문제에 관심을 두지 않았다. 1930년대 근대건축국제회의는 르코르뷔지에와 스위스 출신의 사무총장 지그프리드 기디온Sigfried Giedion이 이끌었다.

제4차 회의

제4차 회의는 원래 모스크바에서 개최되기로 계획되었으나 마르세유에서 아테네로 돌아오는 크루즈 선상에서 열리는 것으로 변경되었다. 제4차 회의는 '기능적 도시'를 주제로 1933년 아테네를 순항하는 선박 안에서 열렸으며 그 성과는 아테네 헌장Charte d'Athènes으로 나타났다(Parker, 2004: 63). 18개국 33개 도시에 대한 분석을 바탕으로 총칙과 도시의 현황 및 위기에 대한 대책, 그리고 결론으로 구성된 아테네 헌장의 요점은 '도시계획의 핵심은 거주하다(주거), 일하다(작업), 즐기다(여가), 왕래하다(교통)라는 네 가지 기능'이라는 것이다(Mumford, 2002: 73).

그러나 제4차 회의는 이 운동의 연구 주제로 111개의 안건을 선정한 회합의 장이기도 했다. '아테네 헌장'으로 알려진 이 회의의 원칙은 모더니즘 건축과 향후 수십 년간 사용될 도시계획의 기준이 되었다. 이 원칙

I 근대건축국제회의의 제4차 회의에서 논의된 '암스테르담을 위한 기능적 도시' 설계도

자료: https://www.flickr.com/search/?text=functional%20city

에서는 어떤 도시도 네 가지의 기본적인 기능, 즉 거주Dwelling, 작업Work, 여가Leisure, 교통Circulation에 따라 분석되어야 한다고 선언했다.

근대건축국제회의의 분석 방법은 각각의 도시 집적체를 거주, 작업, 여가, 교통이라는 네 개의 기능적 범주로 나눈 후 각각의 카테고리에서 요구사항에 맞는 해법을 제안하는 것이었다. 각 가구에 최대의 일조량과 공기를 공급할 수 있도록 디자인했으며 간선도로에는 주택을 배치하지 않도록 했다. 작업장은 최단거리의 통근거리에 입지시키고 주거지역과 그린벨트로 분리시켰다. 공원은 도시 전역에 분포시켰으며, 고층빌딩은 여가를 위해 공지가 보다 많이 허용되었다. 슈퍼 블록과 입체 교차를 통해 보행자 - 차량 교차점을 최소화하거나 제거시켰다.

르코르뷔지에는 자신이 주도한 아테네 헌장에서 이 유명한 선상 회의의 결과를 근대건축국제회의의 '어버니즘urbanism 교리'로 다소 독선적으로 조문화시켰다. 즉, 이 헌장이 근대건축국제회의 어버니즘으로 전 세계에 잘 알려진 것은 르코르뷔지에의 노력에 힘입은 바 크다.

제5차 회의

제5차 근대건축국제회의는 1937년 '주택과 여가'를 주제로 파리에서 개최되었다. 이 제5차 회의에서 스페인 출신의 미국 건축가 호세 루이스 세르트José Luis Sert는 인상적인 연설을 했으며 피카소의 「게르니카」를 파리에 전시하는 스페인관Spanish Pavilion도 디자인했다. 또한 세르트는 『우리 도시들은 생존해야만 하는가Should Our Cities Survive?』라는 책을 발간해 일반인에게 제4차 회의의 결과를 전파하는 한편, 근대건축국제회의를 미국에 최초로 소개했다. 이 책에서 세르트는 일차적으로 네 가지 기능을 중심으로 논의를 전개했다. 그는 '도시 생물학'을 강조하면서, 도시는 부동의 미세한 단위가 아닌 살아 있는 유기체, 즉, 탄생 - 발전 - 와해 - 사망하는 사물이라고 주장했다.

도시를 유기체로 파악하는 개념은 서구 사상에서 오랜 역사를 지니고 있으며, 르코르뷔지에 사상을 구성하는 중요한 부분이기도 하다. 그러나 세르트는 자신의 아이디어를 도시조사와 연결시켰다. 이러한 접근 방식은 시카고대학교의 로버트 파크와 그의 동료에 의해 개척된 것으로, 1930년대에 광범위하게 영향을 미쳤다. 시카고학파는 자연과학자에게서 빌려온 생물학적 비유를 사회적 관계의 공간적 결과를 분석하는 데 사용했다. 그들은 '인간 생태학'이라는 학문 분야를 개척하면서 도시를 문명화된 인간의 자연적인 서식지라고 정의했다. 그들은 전형적인 하위 커뮤니티가 모자이크를 형성하면서 보다 큰 도시 근린주거지를 구성한다고 보았다. 시카고대학교의 사회학자들은 도시 문제의 예측과 통제를 허용할 '사회생활'의 법칙을 찾고자 노력했다. 이들은 이민자 커뮤니티, 갱들의 생활, 단기체류 호텔 같은 도시 사회 현상에 대한 인상적인 연구를 시작으로 현대 교통수단의 발달이 교외화를 이끌 것이며 궁극적으로 커뮤니티 시설이 탈도시화해 입지할 것이라는 주장을 펼쳤다.

세르트는 발터 그로피우스의 지원을 받아 이러한 관점을 확장시킴으로써 아테네 헌장 노선에 따라 미국 도시를 재구조화하는 논쟁으로 연결시키려 했다. 하지만 아테네 헌장에서 선언한 '기능적 도시'에 의문을 제기한 멈포드를 주축으로 하는 미국 그룹의 폭넓은 지지를 받기에는 역부족이었다.

제6차 회의

1945년 영국에서는 근대건축국제회의 아이디어를 실행으로 옮기는 지회가 마스그룹Modern Architecture Research Group: MARS Group이라는 명칭으로 조직되었다. 마스그룹의 규모, 활동, 열정이 미약하고 근대건축국제회의의 유럽 구성원들이 미국으로 가기가 어려웠기 때문에 제6차 회의는 1947년 영국의 브리지워터Bridgwater에서 개최되었다. 미국 그룹처럼 영국의 근대건축국제회의 성원들도 아테네 헌장의 단순한 기능주의를 넘어설 필요를 고민하면서 아테네 헌장을 수정하려고 애썼다.

제2차 세계대전 이후 처음으로 열린 제6차 회의의 주제는 '건축 표현에 대한 현대적 조건의 충격'으로 제안되었다. 하지만 이 주제는 르코르뷔지에가 지배하는 프랑스 근대건축국제회의 그룹 아스코랄ASCORAL이 제기한 제안서의 '아테네 헌장의 실질적 응용'이라는 주제와 극도로 대비되었다. 결국 회의준비모임은 주제를 결정하는 합의점에 도달하는 데 실패해 어떤 주제도 채택하지 못했다. 제6차 회의는 전쟁으로 헤어져 있던 근대건축국제회의 그룹이 재결합한 것에 의미를 두어 '재회 회의'라는 명칭이 붙여졌다.

제7차 회의

'거리의 사람들'에 대한 영감과 기호를 고려해야만 한다는 리처드 리폴드Richard Lippold의 주장은 1949년 제7차 회의를 개최하는 데 영향을 미쳤다. 폴란드와 체코의 근대건축국제회의 그룹이 지닌 중요성을 고려해 체코의 프라하가 차기 회의 장소로 고려되었으나, 냉전의 긴장상태로 인해 이탈리아의 베르가모가 제7차 회의 장소로 결정되었다. 르코르뷔지에와 아스코랄 그룹이 근대건축국제회의의 그리드Grid(격자형)의 이용을 제기하며 토론을 이끌어갔지만, 호세 루이스 세르트, 르코르뷔지에, 지그프리드 기디온 등은 예술의 종합성에 대한 결과를 보통 사람이 평가하는 것이 가능한가에 대한 의문을 제기했다.

제8차 회의

동유럽 대표의 부재, 프랑스 현지에서의 르코르뷔지에 아이디어 적용 실적 저조, 근대건축국제회의 작업에 대한 미국의 관심 부족으로 인해 제8차 회의는 마스 그룹의 후원 아래 1951년 영국 호데스던Hoddesdon

에서 개최되어야 했다.

호데스던 회의는 '코어The Core'라는 주제에 집중되었다. 호세 루이스 세르트는 커뮤니티의 다섯 가지 레벨, 즉 마을에서 근린주거지, 타운, 도시, 메트로폴리스에 이르기까지 모든 커뮤니티는 자신의 감각 표현을 지지하는 특별한 물리적 환경을 지니고 있어야 한다고 주장했다. 세르트는 자신의 개방적인 에세이 『커뮤니티 생활의 중심Centres of Community Life』에서 근대건축국제회의가 이 주제를 아테네 헌장의 원칙과 계속 연결해서 적용해야 한다고 주장했다.

코어 개념을 선택한 사례는 많다. 그룹8Group de 8은 네덜란드의 나겔Nagels마을을 위해 로테르담Rotterdam의 교외지를 디자인했으며, 고든 스티븐슨Gordon Stephenson은 영국의 뉴타운 스티버니지Stevenage를 설계했다. 르코르뷔지에는 생 디에St Die를 계획해 제안하는 한편 인도의 찬디가르 계획을 제출했으며, 일본의 단게 겐조는 히로시마평화센터를 설계해 제출했다. 남미에서는 비록 미완성에 그쳤으나 호세 루이스 세르트와 비에네Wiener의 작업이 진행되었으며, 미국에서는 하버드, 예일, 프랫Pratt, 시카고 디자인센터Chicago Institute of Design에서 학생들이 스튜디오 프로젝트를 진행했다.

하지만 코어 개념을 체계화하려는 시도는 없었다. 즉, 다양한 연설자가 다양한 측면을 강조했다. 기디온은 코어 개념을 고대 아고라와 포럼 개념에 연결시켰고, 그로피우스는 휴먼 스케일과 상세한 현지조사의 필요를 강조했으며, 리처드는 기존 코어는 집단적 기억의 장소로서 보존되어야만 한다고 주장했다. 뉴트라Neutra는 미국의 자동차 문화에 적용되는 코어 개념의 적실성을 토론했다. 일부 연설자와 회의 참가자들은 민주주의를 위해 필요한 커뮤니티 상호작용의 발전 기회로 코어의 정치적 역할을 강조했지만 구체적인 건축적 결과가 이 아이디어와 어떻게 연관되는지는 명료하게 밝히지 않았다. 세르트, 그로피우스, 기디온 같은 리더의 앞서가는 아이디어가 많은 작업에 영향을 미친 것은 분명하지만, 근대건축국제회의의 건축가가 선호하는 모더니스트 건축 언어 및 지역의 기호와 영감 간의 잠재적인 갈등에 대해서는 진전된 토론이 이루어지지 않았다.

르코르뷔지에는 제7차 베르가모 회의에서 아테네 헌장을 대체할 '거주지 헌장Charter of Habitat' 아이디어를 이미 밝힌 바 있다. 영국의 마스 그룹은 이 '거주지 헌장'이 '시 중심civi centres'을 의미하는 것이라고 받아들였다.

제9차 회의

제8차 근대건축국제회의 이후 제9차 회의 장소는 1953년 프랑스 프로방스로 정해졌다. 주된 논의는 새로운 헌장을 이끌어내는 데 초점을 맞추기로 하고, 기디온을 의장으로 하고 반 에스테렌Van Eesteren과 그로피우스가 참가해 위원회가 꾸려졌다. 하지만 그 후 회의 장소가 변경되어 스웨덴 시그투나Sigtuna에서 개최되었으며, '거주자Habitat'의 분명한 뜻을 정의하는 데에도 도달하지 못했다. 근대건축국제회의는 제2차 세계대전 이후 크게 성장해 제9차 회의에는 전 세계에서 3000명 이상의 대표가 파견되었다. 그러나 점차 전위적인 성격을 잃고 지나치게 제도화되어 갔다.

1954년 초 젊은 근대건축국제회의 대표자 중 일부는 거주자 헌장을 선언하는 데 그친 제9차 회의의 실패에 불만을 품고 새로운 선언문을 발표하기 위해 네덜란드 도른Doorn에서 회합을 가졌다. 피터 스미슨Peter Smithsons, 반 에이크Van Eyck, 바케만Bakeman 등으로 구성된 그룹은 제9차 회의에 참석해 아테네 헌장을 배척했다. 더 나아가 다른 그룹과의 관련성을 깊이 고려하지 않았기 때문에 거주자 헌장을 정형화시키는 노력을 하기에는 너무 이르다는 사실을 깨달았다.

제10차 회의

르코르뷔지에는 근대건축국제회의 제10차 회의는 새로운 헌장을 쓰기보다는 '거주자 문제Problem of Habitat'를 연구하는 데 집중해야 한다고 제안하면서 도른 그룹의 주장에 동의했다. 제10차 회의의 준비는 스스로 '팀XTeam X'라고 부르는 '근대건축국제회의의 X를 위한 위원회Committee for CIAM X'가 장악했다.

제10차 회의는 원래 알제리에서 개최하기로 되었으나 알제리 내전으로 1956년 유고슬라비아 두브로브니크Dubrovnik를 최종 장소로 결정했다. 르코르뷔지에는 회의에 참가하지 않았으나 팀X를 지지한다는 편지를 보내기도 했다. '집합체, 이동성, 성장과 변화, 도시의 건축'을 주제로 한 제10차 회의에서는 39개 프로젝트가 발표되었다. 제10차 회의를 마지막으로 근대건축국제회의는 해체되었으며 그와 동시에 근대 건축 운동의 역사는 막을 내렸다(윤장섭, 2004: 233~236).

제3장

근대 도시계획의 실패

1. 근대 건축의 실패를 상징하는 프루잇-이고 단지

1955년 미주리Missouri주 세인트루이스St.Louis시에서는 프루잇-이고 Pruitt-Igos 프로젝트에 따라 대규모 노동자 주택 단지가 완공되었다. 1951 년 설계에 착수해 23헥타르의 부지에 건축된 단지는 2870가구를 수용 하는 대규모였다. 단지는 흑인을 위한 프루잇 단지와 백인을 위한 이고 단지로 나뉘어 조성되었다. 9·11테러로 붕괴되었던 뉴욕의 세계무역센 터를 설계한 미노루 야마사키가 설계를 맡았다. 야마사키는 르코르뷔지 에의 설계 개념을 적용해 공개 공지인 아파트동 사이에 녹색 잔디를 조 성했으며, 아파트는 철강, 유리, 콘크리트를 주재료로 사용해 벌집 모양 의 고층 건축물로 설계했다. 물론 세인트루이스시의 주민들은 프루잇-이고 단지에 입주하지 않았다. 프루잇-이고 단지는 주로 갓 이민을 와 서 남부의 농촌 지역에서 거주하던 사람들로 채워졌다. 야마사키는 르 코르뷔지에의 공중 가로streets in the air 아이디어에서 착안해 각 층에 사 람들이 통행할 수 있는 '지붕이 있는 공중 가로', 현대적 용어로는 복도 corridor를 설치했다. 프루잇-이고는 근대건축국제회의의 진보적 이상에 따라 건설되어 완공과 함께 미국건축가협회America Institute of Architect로부 터 상을 받았다. 단지는 공중 가로A street in the sky를 배치한 14층 높이의 품위 있는 슬래브 건물 블록을 형성하고 있었다. 프루잇-이고 단지는 르코르뷔지에가 도시에 필수적인 세 가지 요소라고 일컬었던 햇살, 공간, 녹지를 확보하고자 했다. 이를 위해 보행자와 차량을 분리시켰으며, 놀이 공간과 세탁장, 회합장 같은 공공시설을 설치했다.

그러나 이 단지는 완공된 지 얼마 못 되어 범죄 소굴로 전락했고 더 이상 사람이 살기 어려운 단지로 추락했다. 수백만 달러를 투입하고 수십 차례 위원회를 개최해 이 단지를 사람이 거주할 만한 장소로 회복시키고자 무던히 애를 썼으나 결과는 실패였다. 1971년 개최된 입주민회의에서 철거 여부에 대한 주민들의 의견을 들었는데 주민들은 철거를 요구했다. 1972년 7월 15일, 시 정부는 프루잇-이고의 세 개 중심 동을 다이너마이트로 철거했다. 영국계 미국 건축 비평가 찰스 젠크스Charles Jencks의 글을 통해 이 단지의 최후에 대한 건축계의 반응을 알 수 있다.

현대 건축은 1972년 7월 15일 3시 32분 미주리주 세인트루이스시에서 사망했다. 악명 높은 프루잇-이고 계획안 또는 슬래브식 고층 건물 다수 동이 다이너마이트로 최후의 일격을 맞았다. 이전에 프루잇-이고는 흑인들에 의해 고의적으로 파괴되고 망가졌으며 엘리베이터를 수리하고 부서진 유리창을 끼우며 다시 도색을 하면서 단지를 살리고자 수백만 달러를 쏟아부었으나 최종적으로 죽음을 맞이함으로써 평안을 찾았다. 프루잇-이고가 도시계획과 건축사에 가슴 아픈 실패의 기억을 남겼다는 사실에는 이론의 여지가 없다(Jencks, 1977: 9).

프루잇-이고 단지를 철거한 것은 노동자 주택 철거의 종착점이 아니라 시작점에 불과했다.[1] 건축 비평가 젠크스는 프루잇-이고 단지가 근대건축의 실패와 동시에 포스트모더니즘의 도래를 선언하는 것이라고

▮ 1972년 철거되는 프루잇 - 이고 단지의 모습
자료: https://www.flickr.com/search/?text=The%20failure%20of%20modernism%20Prutt%20Igoe

평가했다.

2. 근대도시 이론의 발전 과정

근대도시 이론가 가운데 전원도시 이론을 통해 근대도시 이론을 발전시킨 에버니저 하워드 다음으로 빼놓을 수 없는 인물로는 근대건축국제회의를 통해 크게 활약한 르코르뷔지에를 꼽을 수 있다. 그는 발터 그로피우스, 미스 반데어로에 등과 함께 도시의 미래상에 대해 활발하게

1　미국 주택·도시개발국(Department of Housing and Urban Development: HUD)은 프루잇 - 이고 단지를 폭파한 후 미국 도시 재개발의 모델도시인 뉴헤븐의 오리엔탈 가든(Oriental Garden)도 1981년 철거했다.

논의하고 근대건축 이론에 근간을 둔 도시계획을 주도했다. 르코르뷔지에는 파리를 대대적으로 개조한다는 구상 아래 건물을 고층화함으로써 지상을 녹지 낙원으로 조성한다는 계획을 발표했다. 그는 또한 자동차 교통의 중요성을 일찍부터 깨달아 자동차 전용도로를 지표면보다 높게 건설해 보행자 공간과 자동차 공간을 분리할 것을 주장했다.

근대건축국제회의 이전에도 도시를 다양한 용도지역으로 분리해 상호 간섭하지 못하도록 하는 용도분리 원칙이 각국에서 채용되었지만, 특히 르코르뷔지에는 공간을 거주 – 작업 – 여가 장소로 명확하게 분리하고 도로망을 효율적으로 연결하는 비전을 제시했다. 바우하우스의 창시자이자 근대건축국제회의 참가자인 발터 그로피우스는 판상형 중층 집합주택을 햇빛 및 바람의 방향과 평행을 이루도록 주택을 배치하는 단지 형식을 창안했는데, 이러한 방식은 요즘에도 적용되고 있다.

판상형 주동柱棟 사이의 공간은 자동차가 진입할 수 없도록 보행자 공간으로 조성하고 도로는 여러 채의 주동을 둘러싸듯이 배치함으로써 전체 단지는 일종의 근린주구 형태를 띠도록 했다. 근린주구라는 개념은 1929년 미국 사회학자 클래런스 페리에 의해 처음으로 제시되었으며, 뉴저지주의 래드번에 최초로 적용되었다. 이곳에서 보행자 전용도로가 배치되는 이른바 래드번 시스템이 개발됨에 따라 훗날 래드번은 주택지 개발의 세계적인 전형으로 부상했다. 한편 중세 이래 미로 같은 가로망과 보행자 스케일로 형성되어 온 도시를 철거하고 새로운 교통수단의 스케일에 맞추어 도시를 재편하고자 하는 움직임이 일기 시작했는데 그 대표적인 사례가 나폴레옹 3세 통치하에 오스만 남작이 계획한 파리 개조 사업이었다.

1851년부터 1870년까지 실시한 이 계획에 매료된 르코르뷔지에는 1925년 부아쟁 계획을 발표했다. 이 계획의 골자는 저층 고밀도의 도시를 거두어낸 후 그 자리에 건물을 고층화하고 지상에 녹지를 확보한다는 것이었다. 르코르뷔지에의 부아쟁 계획은 이른바 시가지 재개발을 위한 모델로 전 세계적으로 활용되었다. 철거 대상지의 토지 소유자를 설득할 때에는 노폭이 확장된 대로에 토지가 접하고 그 위에 통일된 높이로 건물을 신축함으로써 기존의 가치를 충분히 보상받을 수 있다는 사실을 제시했으며, 이는 토지 소유자들의 마음을 사로잡았다. 이러한 설득 방식은 오늘날에도 재건축과 재개발을 위한 단골 메뉴로 애용되고 있다.

근대도시 이론은 이러한 다양한 수단을 구사해 도시계획을 추진하고자 했지만 제2차 세계대전 이전에는 그다지 지배적인 이론은 아니었다. 하지만 전쟁이 종료되고 난 후 전후 복구를 위해 도시계획을 신속하게 추진해야 했던 각국에서는 결국 이 방법론에 기초해 계획을 추진할 수밖에 없었다. 그 결과 세인트루이스의 프루잇-이고, 맨체스터의 흄Humm 지구, 암스테르담의 벨마미아Belmamia 단지 등 많은 단지가 탄생했다. 하지만 그중 다수가 그 후 철거되거나 재개발되는 운명을 맞았다(마쓰나가 야스미쓰, 2006: 28~29).

3. 20세기 주택의 창안자

도시 주택은 19세기의 테라스형 주택에서 20세기의 반독립주택 또는 고층 아파트 단지로 진화했다. 21세기의 도시 주택은 어떤 유형의 주택으로 발전하게 될까? 이를 알아보기 위해서는 먼저 20세기 주택의 창안자부터 살펴봐야 한다.

먼저 지적할 것은 20세기 주택의 위대한 창안자는 유토피아 사상가들이었다는 점이다. 에버니저 하워드의 '세 개의 자석'과 르코르뷔지에의 '빛나는 도시'를 제외하면 20세기의 주택과 도시계획에서는 할 이야기가 별로 없다. 이들의 주장은 산업도시의 약점에 대응하는 방식이었으며, 그들의 아이디어는 현대 도시계획에 여전히 영향을 미치고 있다. 21세기에 진입한 오늘날의 시점에서 필요한 것은 기술적 기회보다 지속가능성이 떨어지는 개발 형태에 대응해 새로운 전망을 세우는 것이다.

1) 전원도시 개척가

초기의 공상가는 1800년도 뉴 라나크를 개발한 로버트 오언 같은 계몽적 산업 자본가들이었다.[2] 이들은 순수하게 근로자의 복지에만 관심이 있었다. 그리고 그들의 도시는 20세기 전환기의 전원도시 운동에서 구체화된 요소를 많이 제공했다.

에버니저 하워드는 도시와 농촌의 장점만을 연결하는 수단으로 전원도시를 제안했다. 하워드의 전망은 도시의 조직, 정주지 형태, 더 넓은 사회의 조직을 개혁하는 것이었다. 하워드의 전원도시 운동은 영국

---

2 그 뒤로 1853년 솔테어를 건설한 티투스 솔트, 1879년 본빌을 건설한 조지 캐드버리, 1888년 포트 선라이트를 건설한 윌리엄 레버, 요크의 뉴 어스윅을 건설한 조지프 론트리(Joseph Rowntree) 등이 등장했다.

의 신도시 운동을 탄생시켰으며, 그가 설립한 도시·농촌계획협회가 추구하는 철학의 중심에는 그의 전망이 여전히 자리 잡고 있다. 하워드의 추종자들은 20세기 교외지 계획에 영향을 미친 다양한 형태의 전원도시를 개발했다.

전원도시를 개척한 사람들만 20세기의 주택과 도시계획에 영향을 미친 것은 아니었다. 예지력을 지녔던 다른 집단은 영감을 얻기 위해 농촌으로 향하는 대신 예술과 과학으로 향했다. 모더니즘 운동은 도시의 혼란과 혼돈에 맞서 질서와 논리를 부여하고자 했다. 프랑스의 르코르뷔지에와 토니 가르니에, 그리고 독일의 바우하우스는 이러한 아이디어의 선구적 주창자였으며, 그들의 목적은 하워드처럼 도시를 재창조하는 것이었다.

2) 모더니즘 개혁가

토니 가르니에는 하워드가 레치워스를 발전시키려고 시도한 것처럼 1904년에 이상적인 산업도시를 위한 계획을 최초로 수립했다. 가르니에의 아이디어는 1917년에 『산업도시Une Cité Industrielle』라는 저서로 발간되었다. 가르니에는 주거용지, 기차역 부지, 산업용지 등으로 용도가 각기 분리된 도시를 구상했다. 도시는 공동 소유권을 통해 사회적 정의를 추구하며 이로써 폭넓은 사회적 융화가 가능해진다. 21세기 도시의 목표라 할 가르니에의 산업도시는 에너지를 자체적으로 조달하도록 구상되었다. 개발지는 태양과 바람을 고려해서 위치가 선정되었고 수력 댐으로부터 모든 에너지를 공급받았다. 주거 지구는 주택이 모두 남쪽을 향하도록 동쪽에서 서쪽으로 길게 난 블록에 배치되었다. 좁은 가로에는 가로수를 심지 않았으며, 식재를 허용하는 가로는 남측에 폭이 넓게 계획했는데 이는 모두 주택에 드리울 수 있는 음영을 피하기 위해서였다. 이처럼 채광에 신경 쓴 것은 에너지 효율성보다는 건강을 고려해서였으나 이는 태양열 주택을 건설하고자 한 최초의 시도로 평가된다.

가르니에의 산업도시는 실제로 건설된 적이 없다. 그러나 가르니에의 건축 스타일은 대부분 휴먼 스케일이었기 때문에 훗날 르코르뷔지에의 구상에 영향을 미쳤으며, 르코르뷔지에보다 더욱 현대적이라는 게 중론이다. 가르니에는 용도지역제를 적용한 최초의 계획가 중 한 사람이었다. 르코르뷔지에는 가르니에의 유산을 물려받았고 르코르뷔지에의 아이디어는 대부분 영국과 미국으로 전파되었다.

1887년에 출생한 르코르뷔지에는 자신의 이상향적인 전망을 『오늘날의 도시』와 『빛나는 도시』라는 두 권의 책으로 출간했다. 이들 저서에는 가르니에의 아이디어를 발전시킨 내용이 들어 있다. 르코르뷔지에의 비전은 기계화와 신기술을 기반으로 삼았으며 그의 도시는 합리성, 효율성, 그리고 질서를 중시했다.

독일의 바우하우스는 주택 설계에 더 큰 영향을 미쳤다. 주택 설계는 바우하우스가 모든 디자인적 요소에 적용하고자 했던 체계이자 기능적 원칙이었다. 따라서 바우하우스의 관심사는 가르니에나 르코르뷔지에보다 스케일이 작았지만 바우하우스가 특히 강조한 점은 산업 생산을 염두에 둔 디자인 철학의 공유였다. 이처럼 바우하우스는 도시를 계획하는 것보다는 예술과 제품의 디자인, 건축에 관심이 있었다. 그렇기는 해도 바우하우스에 의해 개발된 주거지 설계의 아이디어는 모더니즘 운동에 큰 영향을 미쳤다(Rudlin and Falk, 2000: 36).

3) 모더니스트 운동

가르니에와 르코르뷔지에, 그리고 바우하우스의 작업은 모더니즘 운동의 출현이라는 시대적 맥락에서 파악해야 한다. 하워드, 파커, 언윈이 수공예 운동[3]을 이끌었다면, 모더니즘 운동은 몬드리안 같은 화가로부터 아이디어를 착안해 이를 주택 개발과 도시의 발전에 적용했다. 이처럼 기계문명 시대에 수공예 운동으로 돌아가자는 운동을 배경으로 한 전원도시 운동과 모더니즘 운동을 배경으로 한 도시개발 운동은 각기 영국의 계획가와 건축가에게 큰 영향을 미쳤다. 양차 세계대전 이후 심각한 주택 부족과 재건의 필요성으로 인해 이러한 아이디어를 시행할 기회가 찾아왔다. 제1차 세계대전 이후 건축계를 지배한 사상은 전원도시 사상이었다. 그러나 1920년대와 1930년대에는 모더니스트가 전면에 등장했고, 제2차 세계대전 이후에는 이들이 계획가와 건축가의 심장을 지배했다. 그러나 모더니스트는 전원도시 개척가의 아이디어를 자신의 것으로 대체하지 않았다. 오히려 양자의 접근이 금세기의 대부분을 지배했다. 모더니스트 학파는 도시 내의 도시계획을 지배한 반면, 전원도

---

3   19세기 후반 영국에서 윌리엄 모리스(William Morris)를 중심으로 일어난 공예개량운동을 뜻한다. 존 러스킨(John Ruskin), 모리스 등은 고딕의 미를 찬양하면서 기계문명을 이용한 공예를 배척 또는 개혁했고, 수공예를 존중해 중세의 고장 길드로 되돌아가 예술활동과 노동을 일치시킴으로써 이상사회를 만들고자 했다. 미술과 공예운동은 프랑스의 아르누보, 오스트리아의 분리파 운동으로 옮겨갔으며, 특히 독일의 바우하우스 건설에 커다란 영향을 주었다.

시 운동은 신도시, 넘쳐나는 단지, 교외지의 도시계획을 지배했다. 대도시이든 소도시이든 간에 도시를 조직할 때에는 이 두 운동의 아이디어가 매우 유사하게 작용했으며 서로를 강화하기까지 했다. 그러나 20세기가 저물면서 모더니스트의 영향은 빠르게 축소되었다.

1950년대와 1960년대, 그리고 1970년대 초에 시도된 많은 재개발 사업이 실패로 돌아간 것은 자명한 사실이므로 르코르뷔지에의 모델을 미래 도시개발의 대안으로 간주하는 사람은 별로 없다. 모더니스트가 실패하자 도시계획의 검증된 철학으로는 전원도시만 남게 되었다. 전원도시는 새로운 정주지 및 교외지 개발에는 타당하지만 도시 지역 인구의 재배치와 재개발을 고려할 때는 효용성이 없다. 21세기 도시에 대한 해법을 추구하는 사람들에게는 전원도시가 무의미하기 때문에 새로운 도시모델을 개발하는 데 대한 염원이 간절해지고 있다.

도시 모델을 개발하기 위해서는 예지력을 갖추었던 20세기의 계획가들로부터 교훈을 얻어야 한다. 그들은 출판 작업과 수차례의 전시회 등을 통해 원래 자신이 구상한 방식이 아니더라도 주택 개발과 도시계획 과정을 바꿀 수 있다는 것을 보여주었다. 20세기의 젊은 전문가와 주택 및 도시계획가들은 당시의 새로운 아이디어에 대해 회의적인 반응을 보였지만, 앞에서 살펴본 예지력을 갖춘 계획가들은 이데올로기적·철학적 기초를 제공함으로써 전문가로서의 자신들의 위상을 높였다. 21세기 이상향을 꿈꾸는 유능한 몽상가들은 자신의 아이디어가 도시계획 및 주택 전문가들에 의해 현실로 바뀌는 방식을 이해해야 한다(Rudlin and Falk, 2000: 37).

4. 20세기 도시계획의 실패

건축 이론에 기초한 20세기의 도시계획 이론은 첫째, 고층화와 표준화의 반복, 둘째, 기능주의에 근거한 용도의 분리, 셋째, 보차분리와 도로 폭의 확대, 넷째, 잠재적인 전원 지향 수요에 대비한 공지의 확보로 요약할 수 있다(마쓰나가 야스미쓰, 2006). 이러한 특징은 세계의 많은 근대 도시에서 공통적으로 확인할 수 있다. 그리고 이러한 특징이 결국 비극을 초래했다. 고층화는 범죄를 증가시켰다. 고층 주택의 막대한 유지 관리 비용은 주민들의 부담으로 돌아갔고, 그 결과 주거지가 슬럼화되었다. 또한 고층화에 따른 지상으로부터의 소외감이 어린이의 정신 성장에 중대한 지장을 초래했다. 고층화를 통해 의도적으로 확보한 과도한 공지는 관리 비용을 증폭시켰고 이에 상응하는 유지 관리가 이루어지지 못하자 마치 맹수가 서식하는 아프리카의 초원처럼 고층 건물은 위험한 장소로 변했다. 르코르뷔지에가 구상한 목가적인 녹지의 대지는 현대 사회에서는 꿈꿀 수 없는 망상에 불과했다.

또한 일하는 장소, 거주하는 장소, 여가를 즐기는 장소의 분리는 교통량을 증가시키는 한편, 인구가 분산됨으로써 도시의 활기가 상실되는 결과를 낳았다. 거의 아무도 없는 밤에는 도심부가 범죄 다발 지대로 변하는데, 이는 세계 도시들의 대체로 공통적인 현상이다. 이러한 분리 정책은 교외의 개발을 촉진시켜 도심부는 더욱 공동화되어 가고 있다.

한편 교외와 도심을 연결하는 교통은 대부분 자가용에 의존하게 되어 에너지 소비가 급증하고 있다. 막대한 양의 에너지 소비는 탄소 배출량을 증가시켜 모두가 우려하는 지구 온난화가 진행 중이다(Rudlin and

Falk, 2000: 78).

구획정리land readjustment와 도시 재개발의 결과로 대부분의 경우 도로가 연장되거나 확장되었다. 사람이 줄고 있는 도시에 도로가 확장되자 도시의 쇠퇴가 한층 가속화되는 결과가 초래되었다. 차도와 보도를 분리할 때 세심한 주의를 기울이지 않으면 보도에는 오히려 범죄에 노출될 기회가 늘어난다. 또한 막다른 길은 범죄의 현장으로 변하기 쉽다. 근대도시 이론을 구축하는 데 관여한 사람들은 누구나 일종의 유토피아를 꿈꾸며 다양한 이론을 제시했다. 물론 그들의 제안에는 어떤 악의도 없었다. 그리고 이를 실현하기 위해 애썼던 제2차 세계대전 이후의 계획가와 건축가들도 모두 선의에 넘쳤다고 할 수 있다. 그럼에도 불구하고 그들의 노력은 비참한 결과를 낳고 말았다. 이러한 비극이 선의에 의해 빚어졌다는 사실은 분명 운명의 장난이었을 것이다. 그러나 그러한 원인 중 하나는 도시계획에 관여했던 사람들이 실제로 그 도시에 거주하지 않았거나, 거주하더라도 주위의 다양한 환경을 충분히 고려하지 못했거나, 크고 높은 곳에서 내려다본 원칙론만으로 사물을 판단했기 때문이다. 요컨대 지역주민이 계획에 참여하지 않았던 것이 가장 큰 문제였다. 이러한 반성을 통해 현재는 계획 입안 단계에서부터 주민의 참여를 필수조건으로 간주하고 있다.

5. 세 명의 계획가와 제인 제이콥스

르코르뷔지에가 프랭크 로이드 라이트와 함께 수립한 도시 이론은 원래 특히 에버니저 하워드를 반박하기 위해 의도되었으나, 그의 이론은 하워드가 어두침침하고 과밀한 런던 빈민가의 거리를 거닐던 1888년 아침까지 그 기원이 거슬러 올라가는 이상향 도시의 개념을 담고 있다. 하워드가 "우리 경제 체제의 절대적 불건전성"을 곰곰이 생각했듯이, 르코르뷔지에는 자신을 둘러싼 도시환경의 '임시적 성격'과 새로운 질서가 지배하는 근로 생활에 대한 현 도시환경의 절대적 부적합성으로 인해 심한 충격을 받았다. 라이트와 르코르뷔지에가 추구하는 바는 하워드와 달랐지만 세 사람은 사회의 재건이 불가피하다고 믿었다는 점에서는 동일하며, 라이트와 르코르뷔지에는 정의롭지 못한 사회질서와 관계가 깊은 19세기의 대도시는 사회 재건에 절대적으로 부적합하다는 인식에 이르렀다. 새로운 질서는 새로운 도시를 필요로 했다.

세 명의 계획가가 정립한 이상향 도시 이론의 중심에는 죽어가는 구도시와 신도시 간의 대비가 놓인다. 세 사람 모두에게 구도시는 자멸적인 암적인 존재였는데, 그것은 구도시가 착취의 수단으로 변질되었기 때문이다. 자본주의 체제는 환경에 대한 통제권을 수천 명의 투기꾼과 지주에게 넘겼으며, 이들은 자신의 이윤 증대에만 골몰했다. 토지 소유자의 개별적 결정은 근시안적이고 조정된 것이 아니기 때문에 결과적으로 파괴적인 무질서로 귀착되고 말았다. 따라서 방임주의는 대도시를 제멋대로 흘러가도록 만들었다. 그러므로 대도시는 혼돈하고 추하며 비인간적이었다. 하워드, 라이트, 르코르뷔지에에게 대도시는 이기주의의 풍경, 탐욕에 의해 건설된 환경 일체를 표상했다.

그들의 이상향 도시는 계획 도시여야 했다. 이는 인간의 합리성을 통해 경제 세력으로부터 통제권을 빼앗는다는 것을 의미했다. 하워드, 라이트, 르코르뷔지에는 이윤이 도시의 구조를 결정하도록 더 이상 내버려두어서는 안 된다는 신념을 가지고 있었다. 이들은 공동체가 이기적인 개인들을 통제할 권리를 가져야 하며, 공동의 선이 도시계획의 세부내용에 구현되어야 한다고 여겼다. 또한 그런 환경하에서 산업사회 고유의 조화가 궁극적으로 달성되며, 이러한 조화는 도시계획의 논리와 효율성을 통해 물리적으로 표현된다고 판단했다. 조화의 사회적 표현은 모든 사람이 사용 가능한 1등급 주택과 우수한 공공시설로 나타나며, 도시 전체의 아름다움 속에서 이 미학이 실현된다는 것이 이들의 생각이었다.

구도시와 신도시 사이에는 도시계획가가 존재한다. 도시계획가는 자신이 살아가는 시대와 진정한 산업사회 질서 간의 사회적 갈등 너머를 바라본다. 그의 상상력은 제일 먼저 공동의 선을 이해하고 그것을 새로운 종류의 사회를 위한 계획으로 형상화한다. 상상력이야말로 도시계획가가 지닌 권한의 근원이다. 하워드, 라이트, 르코르뷔지에는 이 권한이 다른 어떤 정치 지도자들의 권한보다 더욱 심오하고 진실하다고 믿었다. 왜냐하면 계획가는 어떠한 단일 집단의 목표도 지지하지 않기 때문이다. 도시계획가는 오히려 모든 사회적 격차가 조화를 이루는 사회를 창조하기 위해 고군분투한다. 도시계획가의 계획은 어떤 경우에도 분열되거나 불확실한 여론을 반영하지 않으며, 그 대신 정의롭고 아름다운 사회를 만들기 위해 따라야 하는 과정에 대한 이해를 반영한다. 그러므로 도시계획가는 상상력과 권력을 겸비해야 하며, 그것이 이상향 도시로 가는 길이라고 믿어야 한다.

이것이 하워드, 라이트, 르코르뷔지에를 이끈 신념이었다. 그러나 이들의 대담한 희망을 우리는 최종적으로 어떻게 생각해야 할까? 이들의 탐구는 우리에게 어떤 의미를 지닐까? 미래에 관한 다른 수많은 대담한 예측처럼, 이들의 사상도 이들이 살았던 시대의 제한된 시각 때문에 대담할 수 있었고 이로 인해 일정한 한계를 지니고 있다. 특히 사회의 병폐를 해결하는 계획의 힘에 대한 이들의 무비판적인 신념은 그 신념이 대체해야 하는 추한 개인주의만큼이나 우리에게는 기묘해 보인다. 그 이유는 세 명의 계획가가 산업사회의 미래에 대해 낙관적이었던 반면, 실제 20세기는 낙관주의자들에게 친절하지 않았기 때문이다. 우리는 너무도 많은 계획이 의도는 좋았으나 추진 과정에서 예기치 못한 복잡한 사정으로 인해 결국 실패로 돌아가는 것과, 너무도 많은 기술이 승리를 거두지만 결국 비인간적인 목적에 전용되는 것을 목격했다. 또한 너무도 많은 조직이 잘 조직되었지만 해방을 위해서가 아니라 억압을 위해 사용되고 있으며 다양한 갈등, 비합리성, 증오, 유혈을 유발하고 있다. 심지어 가장 선진화된 나라에서조차 맨 얼굴의 야만성이 목도되고 있다. 이제 산업사회가 치유되어 필연적으로 형제애와 화합을 향해 나아갈 것이라고는 더 이상 믿을 수 없다. 하워드, 라이트, 르코르뷔지에의 이상향 도시는 시대에 걸맞은 방안이 출현했기 때문에 밀려난 것이 아니었다. 그들의 이상향 도시는 그와 같은 해결안은 존재하지 않는다는 믿음으로 대체되었다.

지금은 대규모 계획이라는 구상 자체에 대해 광범위한 반발 기류가 형성되어 있다. 이러한 반발 기류의 가장 큰 원인은 도시 생활의 근간이 될 공동의 선 또는 목적의 실재성에 대한 신뢰가 상실되었기 때문이다. 계획가가 지닌 권력의 근간은 '만인의 이해에 봉사한다'라는 계획가의 주장인데, 이러한 주장은 이제 어리석은 망상이나 심지어는 다른 모든 사람에게 자신의 한정된 가치를 강요하려는 위선적 시도로 간주된다. 도시 문제에 관한 최근의 문헌에서 계획가는 현대 생활의 다양성에 불모의 획일성을 강요하기 위해 의지를 굽히는 일도 마다하지 않는 거만하고 비민주적인 사기꾼으로 그려진다. 세 명의 계획가는 대도시의 혼돈과 다양성을 일종의 질병이자 사회적 화합의 가장 악랄한 적으로 보았다. 이들은 다양성을 신뢰했으며, 도시의 무질서 속에서 개인의 자유와 자아를 실현하는 최후의, 최상의 희망을 보았다.

이런 태도를 정의하기 위한 최상의 방법은 도시계획에 관한 가장 영향력 있는 저서 가운데 하나인 제인 제이콥스의 『미국 대도시의 죽음과 삶The Death and Life of Great American Cities』에 실린 주장을 검토하는 것이다. 이 저서가 뛰어난 이유는 과학 전문용어를 사용하지 않았으며 세속적이지만 매우 중요한 도시 생활의 세부내용에 대해 정확하게 관찰했기 때문이다. 그녀는 어떤 거리는 생동감이 넘치고 번영을 구가하고 안전한 데 비해 어떤 거리는 충격적일 만큼 삭막한데, 이렇게 만드는 얽히고설킨 행동의 실타래를 소설가의 눈으로 바라본다. 또한 왜 어떤 공원은 소중한 자원이 되어 사람들이 주변에 몰려 사는데 다른 공원은 사람들이 외면하는 황폐한 곳이 되는지, 그리고 왜 어떤 근린주거지는 자생적으로 활기를 더해가는 공동체가 되는데 다른 많은 주거지는 침울하고 쇠락한 빈민가가 되는지를 관찰한다.

세밀한 추론을 근거로 한 제이콥스의 관찰은 계획의 한계에 대한 주장으로 곧장 이어진다. 그녀의 주장은 도시가 지닌 특정한 가치는 집중과 다양성이라는 확신으로부터 시작한다. 그녀는 도시가 가장 필요로 하는 것은 "끊임없이 서로 도움을 주고받는 매우 복잡하고도 상호 밀접한, 용도의 다양성"이라고 기술한다. 이러한 용도는 너무도 복잡해서 외부의 작업자인 계획가가 미리 예측하거나 새로 창조하는 것이 불가능한 유형의 도시 생활을 형성한다. "대도시는 너무도 크고 복잡해서 아무리 유리한 고지에서 보더라도 속속들이 이해할 수 없거나 또는 어떤 인간도 이해할 수 없다. 그런데 이 세부 내용이야말로 본질이다"라고 제이콥스는 지적한다.

그러나 아무리 걸출한 도시계획가라 하더라도 성취할 수 없는 것을 수천의 개개인과 소집단은 이룩할 수 있다. 그들의 독자적이고도 예측불가능한 선택이 바로 도시가 가장 필요로 하는 활력을 창조한다. 위로부터 내려오는 지침이나 승인 없이 움직이는 개인은 버려진 상점 전면에 식당을 개점하기로 결정하고, 건물 꼭대기 방을 발레 학교나 유도장으로 바꾸기로 하며, 전에는 결코 필요하지 않았던 서비스나 제품을 제공하기로 마음먹는다. 제이콥스는 그중에서도 이전에는 체육 클럽, 승마학교, 예술가의 작업실, 대장장이의 대장간, 창고 등이 입점해 있었으나 현재는 번창하는 예술 중심지가 된 루이빌Louisville의 한 낡은 건물의 사례를 인용한다. 그녀는 "누가 이와 같은 희망과 계획을 줄줄이 예측하고 제공할 수 있단 말인가?"라고 질문을 던진 뒤 "오로지 상상력이 부족한 사람만이 자신이 할 수 있다고 생각할 것이며, 오로지 교만한 사람만이 그렇게 하고자 원할 것이다"라고 답한다. 또한 "도시의 다양성은 대부분 믿을 수 없을 만큼 많은 별개의 사람과 민간 조직이 다른 생각과 목적을 가지고 공적 조치의 형식적인 틀 밖에서 계획하고 고안한 창조물"이라고 결론짓는다.

도시계획가에게 그녀의 지적이 시사하는 바는 명백하다. 즉, 계획가는 "이와 같은 광범위한 비공식적 계획, 구상, 기회가 꽃을 피우기에 적합한 장소인 도시"의 개발에 가능한 한 겸손하고 조심성 있게 임해야 한다. 제이콥스는 르코르뷔지에의 '도시 수술'이라는 개념에 대해 분통을 터뜨리는데, 이는 그 개념이 다른 모든 사람에게 르코르뷔지에의 계획을 강요하는 것을 의미하기 때문이다. 제이콥스는 르코르뷔지에의 계획에 따라 단정하게 배열된 공원 속 고층빌딩은 도시 질서를 지나치게 단순화한 것이라고 주장한다. 도시 기능의 격자형 구분은 진정한 다양성을 불가능하게 만든다. 고층빌딩의 비인간적 규모와 거대한 공지는 매력적인 도시의 탱탱한 활력을 거세한다. 그녀에게 고층 주택과 업무지역 프로젝트는 현대 도시의 죽어가는 '비위생적인 섬들'이며, 르코르뷔지에가 부수고자 했던 조밀하고 복잡한 구역이야말로 도시 건강의 진정한 근원이다.

무엇보다도 제이콥스는 하워드, 라이트, 르코르뷔지에가 한때 추진했던 것처럼 계획가들이 더 이상 자신이 속한 사회의 중심 목표를 규정하고 그 목표를 실현하기 위해 통일된 계획을 제공하려 해서는 안 된다고 믿었다. 그녀는 책에서 에버니저 하워드에 대해 줄곧 반박하는데, 바로 이 부분을 가장 신랄하게 다룬다. 제이콥스는 하워드가 훌륭한 계획을 일련의 정적인 행위로 인식했다고 주장했다. "매번 계획은 필요한 모든 것을, 그리고 건축이 이루어진 이후로는 가장 소소하고 부차적인 변화를 제외한 어떤 것에 대해서도 보호되어야 할 모든 것을 사전에 예측해야 한다. 또 하워드는 계획이 독재주의적이지 않다면 필연적으로 가부장적이라고 생각했다." 물론 이것은 하워드의 실제 관점을 풍자적으로 과장한 것이다. 앞서 살펴보았듯이 하워드는 전원도시의 거주민들이 스스로 자신들의 미래를 만들어나가도록 허용하는 데 심혈을 기울인 융통성 있고 겸손한 사람이었다.

그럼에도 불구하고 '브로드에이커'나 '빛나는 도시'처럼 '전원도시'도 중립적인 환경으로 구상되지 않은 것만은 분명하다. 하워드는 자신이 신봉했던 가치, 즉 소규모의 협동조합, 가족생활, 자연과의 접촉을 증진시키는 한편 자신이 혐오했던 관행, 즉 대규모 산업, 토지 투기, 권력의 축적을 억제하기 위해 그런 환경을 고안했다. 하워드에게 이것은 단순히 개인적인 기호가 아니라 인류가 진화해 나가고 있는 방향인 협동조합과 형제애 시대를 구현하는 것이었다. 그러나 제이콥스는 이런 태도를 가부장적인 것 또는 더욱 나쁜 것으로 간주한다. 그녀는 하워드가 제안한 특정한 가치의 선택에 대해서도 동의하지 않는다. 왜냐하면 그는 필연적으로 다른 사람들의 선택을 제한하고 있기 때문이다. 그녀는 "당신이 만일 순종적이고 당신 자신에 대한 아무런 계획도 가지고 있지 않고 당신의 인생을 자신을 위한 계획을 가지고 있지 않은 타인들 속에서 보내는 데 개의치 않는다면, 전원도시는 실로 멋진 도시이다. 모든 유토피아처럼 조그마한 의미라도 지닌 계획을 가질 권리는 계획가들에게만 있다"라고 예리하게 설명한다. 제이콥스의 이상향 도시에서는 이렇다 할 계획을 가지고 있지 않은 사람이 곧 계획가이다. 공동의 선은 자신의 목표를 추구하는 개인의 기회를 극대화함으로써 충족된다.

제이콥스는 도시 재개발이 모든 도시 문제의 해결책이라는 신념에 빠져 있는 도시 계획 자체를 뒤흔들고자 했다. 나아가 그녀는 당시 정치가와 계획가들은 시민들의 반대를 짓밟았고 자신의 가치를 실천할 기회도 욕망도 없는 사람들에게 그들의 가치를 매우 쉽게 강요했다고 썼다. 이런 맥락에서 제이콥스의 이론은 실로 해방의 원동력이었다. 다만 그녀의 사상이 여전히 도시를 망가뜨리고 있는, 피해가 막심한 많은 사업을 중단시키는 일 이상은 할 수 없었다는 점은 유감이라 하겠다.

그러나 뜨거운 열정에 비해 제이콥스의 메시지는 본질적으로 부정적이었다. 개인의 행동에 대한 그녀의 믿음은 사람들이 함께 이룰 수 있는 것에 대한 회의론이 컸던 탓에 평정심을 이룰 수 없었다. 하워드에서부터 제이콥스에 이르기까지 훑어본다는 것은 근본적으로 개혁할 수 있는 세계에서 출발해 물리적·사회적 근간을 움직일 수 없는 세계로 가는 것을 의미했다. 제이콥스에게 도시란 이미 건설되어 있는 존재이다. 도시는 수리할 수는 있으나 결코 변화시킬 수는 없다. 시민들이 보다 나은 종류의 도시에 대해 합의하고 그러한 도시를 건축하기 위해 함께 단결하리라고 기대하는 것은 '이타적인 계획 전문가라는 새로운 귀족'의 망상이거나 이기적인 착각이다. 도시 빈민에 대한 그녀의 진정한 관심은 어떤 경제적·사회적 개혁에 대한 헌신도 시사하지 않는다. 실제로 그녀가 논쟁한 논리는 자본주의 기업가들로 하여금 보다 큰 자유를 누리도록 했다.

제이콥스는 특히 정부에 대해 회의적이었다. 그녀의 저서에는 도시 환경에 질서와 아름다움을 가져다줄 전문가 – 행정가 집단에 대한 르코르뷔지에의 희망 같은 것은 없다. 그녀에게 정부는 문제를 해결하기보다는 문제를 만드는 존재이다. 그녀는 관료조직이 미로 같다고 설명한다. 그녀는 만일 그 미로가 덜 복잡하다면 계획가들이 소규모의 작은 지방 행정 단위에 속할 것을 추천한다. 나아가 지방 차원에서는 계획가들이 시민들에 의해 엄중한 감시를 받을 수 있다. 제이콥스의 가장 열정적인 표현인 시민 행동은 관리들이 자신들에게 강요할 고속도로나 다른 사업에 저항하기 위해 사람들이 힘을 결집하는 때와 같은 경우를 대비해 항상 보류되어 있다.

심지어 '복잡하고 활기 넘치는' 도시를 칭송할 때조차 제이콥스는 무질서한 환경에 대해, 해결하기에는 인간의 능력을 넘어서는 복잡성에 대해, 근본적인 변화의 시도에 도전할 수 있을 만큼 거대하고 거추장스러운 시스템에 대해 불안감을 전달한다. 이와 같은 세계에서 개인은 자력으로 안락한 보금자리를 창조하는 데 성공하겠지만 거대한 기대를 가진 계획가는 무지나 지나친 단순화로 인해 보금자리를 창조하는 데 실패할 것이 분명하다.

오늘날에는 '대규모 공사의 시대'를 위한 기술이 존재하며 이 기술은 르코르뷔지에가 상상했던 것보다 훨씬 강력하다. 그러나 여기서 부족한 것은 우리가 그 기술을 어떻게 사용해야 하는지를 안다는 자신감이다. 지금까지 유럽과 미국에서만 뉴타운 프로그램이 시도되었을 뿐이다. 세 명의 계획가가 제시한 프로그램 중 실현된 첫 번째 프로그램은 또한 최후의 프로그램이 될 것 같다. 현재 우리가 처한 무기력 상태를 보여주는 좀 더 적당한 상징물은 세인트루이스에 건설되었던 프루잇-이고 단지의 운명이다. 1954년에 도시 재개발 사업의 일환으로 착수되어 건축되었을 때 이 복지 위니테는 고층건물 건축기술과 유익한 공공 행정의 결합으로 인식되었다. 많은 다른 사업의 사례처럼 이 고층건물도 조잡한 설계와 부적절한 관리의 희생물이 되었다. 동시에 고층빌딩 사이의 공원은 인간이 없는 섬으로 변질되었다. 자포자기한 시 당국은 1972년 프루잇-이고를 허물기로 결정했고, 전도양양할 것 같았던 이곳에는 쇄석만 남게 되었다.

'어제판 내일의 도시'는 하워드가 원래 의도했던 것보다는 넓은 의미를 지니지만 세 가지 이상향 도시 모두에 적용된다고 결론내릴 수 있다. 문제는 계획의 세부내용이 아니다. 오히려 이상향 도시의 개념이 이미 과거의 것이라는 것이 문제이다.

6. 뉴욕의 설계자, 로버트 모세

뉴욕을 방문하면 붐비는 인파와 초고층 건물, 맨해튼을 둘러싼 광폭의 도로, 강 건너와 연결되는 장대한 규모의 교량, 차량들로 가득 찬 도시 내 고속도로 등 인프라 시설의 엄청난 규모에 입이 벌어진다. 세계의 도시 뉴욕을 만든 도시계획가는 누구일까 하는 궁금증이 자연스럽게 일어났다. 롱아일랜드의 존스 비치에서 더위를 피해 피서를 즐기는 뉴요커들 중에서도 낭만적인 해변가와 주변의 현대적인 교외지를 조성한 도시계획가가 누구인지 아는 이는 많지 않다. 하물며 뉴욕을 방문하는 방문객이라면 더 말할 것도 없다.

20세기 중반 뉴욕 대도시권에서 마스터 빌더master builder로 가장 활발히 활동한 사람은 로버트 모세Robert Mose이다. 그는 미국 도시개발 역사에서 가장 정점에 있는 인물 중 한 사람으로, 파리를 개조한 오스만 남작과 견줄 수 있다. 로버트 모세는 현대 도시 뉴욕의 인프라 시설을 건설한 불도저 계획가라는 긍정적인 평가와 더불어, 뉴욕을 적주성을

I 로버트 모세가 조성한 롱아일랜드의 존스 비치
자료: https://www.flickr.com/search/?text=Rober%20Moses%27%20long%20beach

지니고 삶의 질이 충만한 도시로 만드는 데는 실패한 인물이라는 부정적인 평가도 받고 있다. 전기작가 로버트 카로Robert Caro는 로버트 모세의 전기 『더 파워 브로커The Power Broker』(1974)에서 "로버트 모세라는 이름은 추하고 야만적인 도시계획을 떠올리게 한다"라고 혹평했다. 하지만 뉴욕의 도시계획을 논할 때 로버트 모세의 이름은 빠지지 않고 거론되고 있다. 무엇이 그로 하여금 양면적인 평가를 받게 하고 있을까?

1) 도시개혁적 계획가에서 불도저 계획가로

로버트 모세는 1888년 코네티컷Connecticut주 뉴헤이븐New Haven에서 태어났다. 예일대학교, 옥스포드대학교 대학원을 거쳐 콜롬비아대학교

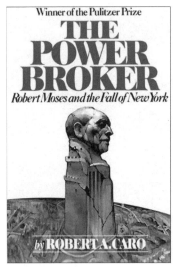

■ 로버트 모세의 전기 『더 파워 브로커』
자료: 필자 제공

에서 박사학위를 받은 인물로, 이른바 '블루칩' 교육을 받은 엘리트이다. 초기에는 뉴욕시 공무원을 역임하면서 공원을 조성하고 놀이터를 공급하며 슬럼을 철거하는 도시재개발의 선구자로서 도시개혁 운동에 동참했다. 그리고 자동차 위주인 도시 뉴욕의 삭막한 도로 풍경에 과감하게 미적인 조경과 식재를 시도함으로써 파크웨이Parkway 개념을 적용한 도시개혁 운동의 개척자였다.

그러나 대공황 이후 정치권에서는 경제 부흥의 필요성과 낙후된 도시 인프라 시설을 시급히 개선해야 할 필요성을 거세게 요구하기 시작했다. 이런 압박은 로버트 모세를 도시개혁적 계획가에서 개발 위주의 불도저 도시계획가로 변모시켰다. 로버트 모세에 대한 불도저 이미지는 이후 뉴욕 및 롱아일랜드 공원위원회 의장이라는 막강한 권한을 이용해

| 로버트 모세가 1927년 건설한 브롱스 리버 파크웨이
자료: https://www.flickr.com/search/?text=parkway%20drive%20new%20york

양호한 주거지역을 허물고 뉴욕과 그 주변 교외지를 연결하는 광대한 교량과 엄청난 길이의 고속도로를 건설하는 과정에서 생겨났다.

그는 사람보다 차를 우선시해 막대한 비용이 드는 교량 건설을 추진했다. 7개의 교량, 15개의 고속도로, 16개의 파크웨이, 웨스트사이드 하이웨이, 할렘 리버 드라이브, 1000채 이상의 저소득 아파트, 링컨센터, UN본부, 대학 캠퍼스, 셰이스타디움Shea Stadium을 건설했으며, 1968년 한 해 동안에만 270억 달러의 예산을 쏟아부어 대형 사회간접자본S.O.C. 사업을 수행했다.

2) 로버트 모세의 도시관

도시계획가로서 로버트 모세가 지녔던 도시관은 하늘에서 뉴욕을 굽어 내려다보는 관점이었다. 그는 도시를 시민을 중심으로 하는 근린 주거지의 집합체가 아니라 광대한 하부구조 시설의 조각으로 보았다. 그는 어린아이가 레고 블록과 장난감 인형, 매치박스 자동차로 도시건설 놀이를 하듯 뉴욕을 갖고 놀았다고 해도 지나치지 않는다. 로버트 모세의 도시관이 그가 살았던 혼란한 시대의 사회경제적 엄혹성에서 형성되었다고 이해하더라도 도시에서 시민이 배제된 매우 위험한 도시관이라는 지적은 타당하다. 언론은 그를 '마스터 빌더'라고 불렀지만 그는 조정자Coordinator라 불리는 것을 좋아했다.

로버트 모세는 미국 역사상 최고의 빌더였다. 현대 도시 뉴욕은 로버트 모세의 정신을 오롯이 담고 있다. 뉴욕 도시개발 전문가들은 지금까지 로버트 모세만큼 뉴욕시의 물리적 특징에 커다란 충격을 준 계획가는 없었다는 데 모두 동의한다. 로버트 모세는 맨해튼의 링컨센터 건립 준공식에서 "달걀을 깨뜨리지 않고는 오믈렛을 만들 수 없다"라고 연설하며 자신의 불도저식 도시개발을 합리화시켰다. 그러나 아이러니하게도 오믈렛을 만들수록 달걀 껍질은 쌓일 수밖에 없었다.

로버트 모세가 도시계획을 진두지휘하던 무렵 로버트 모세의 도시계획 철학에 충격을 준 중요한 사건이 발생했다. 바로 제인 제이콥스 같은 뉴 어버니스트의 등장이다. 로버트 모세는 자동차, 고속도로, 교량으로 이뤄진 물리적 구조물의 집합체가 현대 도시라 주장했는데, 이들은 그러한 모세의 철학과 싸우기 시작했다.

로버트 모세는 예산 편성의 재량권이라는 무소불위의 권한을 갖고 있었으나 시간이 지남에 따라 그의 권한은 점차 약해졌다. 맨해튼을 가로지르는 모세의 고속도로 계획은 실패했으며, 롱아일랜드를 가로지르

▌로버트 모세의 주도하에 대량으로 공급된 뉴욕의 공공 임대 아파트
자료: 필자 제공

는 교량 건설계획은 폐기되었다. 로버트 모세의 권력은 서서히 기울었다. 로버트 모세 이후 뉴욕의 도시건설 과정은 변했지만 그에게 필적할 만한 도시계획가는 아직 등장하지 않고 있다.

로버트 모세는 '건설 불도저'라는 괴물 이미지를 갖고 있지만 뉴욕시에 높은 수준의 수영장과 공원 시설을 유산으로 남겼으며, 엄청난 규모의 교통 인프라 시설을 갖춰 도시 경제의 지속적인 성장에 크게 기여했다는 긍정적인 평가를 받고 있다.

21세기 스마트 어버니즘을 추구하는 뉴욕은 새로운 로버트 모세를 필요로 하고 있다. 아마도 많은 달걀이 또 깨질 것이다. 그러나 오늘날 뉴욕 시민들은 로버트 모세 시대보다 비용 부담이 보다 투명하고 균등하며 자동차보다는 사람을 우선시하는 도시, 포용적 성장과 삶의 충만

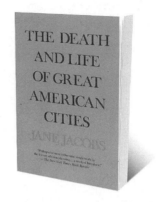

I 로버트 모세의 도시개발 철학을 강력하게 비판한 제인 제이콥스와 그녀의 저서 『위대한 미국 도시의
삶과 죽음』
자료: https://www.flickr.com/search/?text=Jane%20Jacobs

감이 높은 도시를 희망할 것이다.

3) 로버트 모세의 합동 재개발 vs 제인 제이콥스의 도시재생

　뉴욕 도시계획 최고 권위자 로버트 모세가 1955년 그리니치빌리지
Greenich Village를 관통하는 고속도로를 제안했을 때 그는 성질이 급한 특
별한 주민을 만났다. 그녀의 이름은 바로 제인 제이콥스였다. 그 만남은
뉴욕에서 향후 10여 년간 지속될 긴 투쟁의 시작을 알리는 것이었다.

　1961년 제이콥스는『위대한 미국 도시의 삶과 죽음The Death and Life of
Great American Cities』라는 신간을 출판했는데 이는 전설적인 도시계획가
로버트 모세를 위협하는 도전장이었다. 이 책을 통해 제이콥스는 막강
한 권한을 갖고 있는 로버트 모세에게 주민과 지역 여론을 조직해 로어

I 로버트 모세가 제안한 로어 맨해튼을 관통하는 고속도로 계획. 이 계획은 빛을 보지 못하고 결국 폐기
  되었다.
자료: 필자 제공

맨해튼Lower Manhattan의 전통 주거지를 관통하는 고속도로 건설을 멈추
게 하겠다는 투쟁의지를 알렸다. 제인 제이콥스의 이 책은 로버트 모세
의 도시개발 철학을 가장 강력하게 비판한 책이었다.

로버트 모세는 복잡한 대도시는 기존의 물리적 형상을 대대적으로
파괴함으로써 20세기적 비전을 구현할 수 있다고 믿었던 데 반해, 제인
제이콥스는 도시의 미래는 기존 주민 생태환경을 어떻게 보존하느냐에
달려 있다고 믿었다. 제인 제이콥스와 로버트 모세의 충돌은 최초의 도
시계획 논쟁으로 기록된다. 둘 사이의 긴장과 충돌은 어쩌면 불가피했
는지 모른다. 로버트 모세는 뉴욕시 공공당국이라는 난마 같은 조직 속
에서 도시를 바라본 반면, 제인 제이콥스는 커뮤니티 유기체주의 세계
관과 분산된 어버니즘이라는 낭만적인 철학으로 도시를 바라보았다. 결
국 누가 최후의 승자였을까?

▮ 로버트 모세가 건설을 추진한 뉴욕 트라이버러 다리
자료: https://www.flickr.com/search/?text=white%20bridge%20ny

　당시 로버트 모세는 합스부르크 왕조의 군주에 비견할 정도로 막강한 권한을 갖고 있었다. 그는 전성기에 뉴욕시 공원위원회 위원장, 주 공원위원회 국장, 트라이버러 다리와 터널공사Triborough Bridge and Tunnel Authority 사장 등 12개 기구의 책임자를 역임했다.

　로버트 카로는 로버트 모세에 관한 전기『파워 브로커』에서 "모세는 은행, 노동조합, 계약자, 채권발행 보험회사, 소매점포, 부동산 거래자와 같은 막후에 숨어 있는 이해 관계자의 힘을 통합해 인프라시설 프로젝트를 추진할 재원을 조성하는 데 천재성을 발휘했다"라고 회상했다.

　로버트 모세의 초기 건설 프로젝트는 대부분 롱아일랜드에 한정되어 있었다. 그러나 점진적으로 도시 중심부를 향해 불도저식으로 밀고 나갔으며, 궁극적으로는 그리니치빌리지의 중심인 워싱턴 스퀘어파크에 자신의 20세기적 비전을 실현하고자 했다. 로버트 모세는 워싱턴 스퀘어파크는 쾌적성이 부족하기 때문에 그 중앙을 관통하는 4차선 도로

▌그리니치빌리지의 중심부에 위치한 워싱턴 스퀘어파크. 로버트 모세는 워싱턴 스퀘어파크에 쾌적성
 이 부족하다는 이유로 이곳 중앙을 관통하는 4차선 도로를 만들고자 했다.
자료: 필자 제공

가 필요하다고 확신했다.

　월간지 ≪건축포럼Architectural Forum≫의 칼럼니스트로 활동하고 있던 그리니치빌리지의 주민 제이콥스는 1955년 '워싱턴 스퀘어파크를 구하자to Save Washington Square Park'라는 제목의 유인물을 통해 4차선 도로가 공원 중앙을 관통해 맨해튼 5번가로 확장된다는 사실을 알게 되었다. 마을을 관통하는 도시고속도로 건설계획을 접한 주민들은 비상사태임을 즉각 알아차렸다. 제인 제이콥스는 바로 시장에게 "도시가 주민의 적주성을 높이려는 노력은 하지 않고 오히려 주민을 도시에서 쫓아내려는 계획을 갖고 있다는 사실에 매우 실망했다"라고 항의서한을 보냈다. 제이콥스는 주민 커뮤니티를 조직하는 데 착수했다. 이에 대해 로버트 모세는 "이 계획을 반대하는 사람은 한 줌의 아줌마들뿐"이라며 심각하게 여기지 않았다. 제이콥스는 로버트 모세와 청문회장에서 단 한 번 조우했을 뿐이다. 그때 상황을 그녀는 다음과 같이 회상했다.

　　나는 그를 단 한 번, 워싱턴 스퀘어파크를 관통하는 로어 맨해튼 고속도로를 위한 청문회장에서 보았다. 로버트 모세가 잠깐 몇 마디 했지만 누구도 그의 발언을 귀 기울여 듣지 못했다. 우리 주민들은 아무도 발언하지 못했다. 그들은 항상 공식적인 순서로 먼저 발언하도록 배려되었고 그다음에는 가버렸다. 그들은 주민들의 목소리를 듣지 않았으며 오만방자했다. 로버트 모세는 "이 프로젝트에 반대하는 사람은 한 줌의 아줌마들을 제외하면 아무도 없다"라고 소리치고는 쿵쿵 발소리를 내며 퇴장해버렸다.

　　제인 제이콥스는 자신의 저서에서 도시계획을 지배하는 과학적 합리주의를 공격하면서 건물의 용도와 역사성, 도시의 유기적 구조의 중요성을 격찬했다. 그리고 "도시가 오랜 시간에 걸쳐 복잡하게 조직화된 실체임을 왜 인정하지 않는가?"라는 질문을 제기하며 여론 주도층을 설득해 나갔다. 하지만 제이콥스의 노력에도 아랑곳하지 않고 뉴욕시의 주택·도시개발국은 워싱턴 스퀘어파크와 그리니치빌리지를 불량지역으로 분류하는 연구에 착수해서 대규모 재개발사업을 가능하도록 했다. 로버트 모세의 동료들은 연구 책임자로 과제를 수행하면서 로버트 모세의 영향력이 계속 미치도록 만들었다. 로버트 모세의 교활한 시도에 대해 제이콥스는 즉시 '빌리지를 구하자Save the West Village'라는 주민조직을

▮ 많은 예술가와 작가들이 거주했던 그리니치빌리지 거리 풍경
자료: 필자 제공

결성해서 맞대응했다. 하지만 로버트 모세도 일반 시민이 이해하지 못
하는 전문지식을 나열하고 어용 단체를 조직하면서 프로젝트를 추진해
나갔다.

제이콥스는 쉽게 물러나지 않았다. 그녀는 두 개의 전선에서 싸웠
다. 한편으로는 근린주거지가 사실상 슬럼이 아니라는 것을 입증하고
불량지역 지정을 반박하기 위해 근린주거지 조사를 자체적으로 수행해
반대논리를 제시했으며, 다른 한편으로는 법에 규정된 청문회 개최가
이뤄지지 않자 청문회를 열라는 주법원의 명령을 받아냈다. 이에 로버
트 모세는 청문회 안내 소식을 짧게 공지함으로써 청문회 절차를 요식
행위로 만들고 주민동원에 의한 반대를 회피하려는 알팍한 전략을 구사
했다. 그러다가 로버트 모세에게 치명타를 가하는 사건이 발생했다. 재

▮ 제인 제이콥스가 좋아했던 맨해튼 웨스트 빌리지의 거리 코너
자료: 필자 제공

개발지역을 책임지는 부동산회사, 재개발을 겉으로만 지지하는 사이비 주민조직과 시청 직원 간의 재개발 금품수수 스캔들이 터진 것이다. 마침내 시민들의 분노는 최고조에 이르렀고 "불량지역 지정을 폐기하고 재개발에 대한 시의 계획 자체를 폐기하라"라는 제이콥스의 주장을 지지하기 시작했다.

때맞춰 제인 제이콥스는 주거지를 파괴하는 프로젝트를 멈추기 위한 다양한 형태의 지역 주민 연대를 꾸려 집회와 반대 청문회를 개최하는 한편 자동차 매연에 의한 환경오염 피해를 풍자하는 연극을 하면서 강온 전략을 동시에 구사했다. 그녀는 시청 예산국 회의에 여러 차례 출석해서 "고속도로 건설은 괴물 같으며, 소용없는 바보 같은 짓"이라고 혹평하는 진술을 계속 이어나갔다. 결국 1968년 제이콥스는 '내란 선동 및 범죄' 혐의로 체포되었다. 하지만 새로운 뉴욕 시장 존 린즈데이John

ㅣ 제인 제이콥스가 좋아했던 웨스트 빌리지의 애빙던 광장. 광장은 거실이자 서재이자 동네의 중심 역
할을 한다.
자료: 필자 제공

Lindsday는 로버트 모세가 추진하려던 고속도로 건설계획을 폐기한다고
선언했다. 1968년 제이콥스는 뉴욕을 떠나 캐나다 토론토로 거처를 옮
겼지만 그녀는 패배자가 아닌 승리자였다.

　제인 제이콥스는 『위대한 미국 도시의 삶과 죽음』이라는 불멸의 저
서와 로버트 모세와의 싸움으로 인해 도시연구에서 반드시 연구해야 하
는 대상 중 한 명이 되었다. 하지만 제이콥스가 내세운 근린주거지 관점
에도 문제는 있었다. 그녀가 주장했던 것처럼 걷고 싶고 다양성이 보장
되면서 새것과 낡은 것이 혼합된 근린주거지는 흔치 않다. 그 수가 많지
않아 일반 시민 모두가 그런 동네에 산다는 것은 불가능하다. 누군가는
동네 근처에 있는 야채 트럭까지 걸어가서 채소를 구입해야 한다. 이때
로버트 모세의 교량과 고속도로가 없다면 그리니치빌리지에서 아침에

신선한 채소를 구입할 수 있었을까?

4) 로버트 모세와 한국

(1) 뉴욕의 불도저 로버트 모세 vs 서울의 불도저 김현옥

로버트 모세는 뉴욕에서 엄청나게 많은 인구를 이동시키고 교량 건설을 통해 인프라 시설을 공급했지만, 도시 하위 소득 계층의 거주 구역과 적주성이 높은 주거지를 희생시키면서 고속도로를 건설했다는 비판을 받고 있다. 하지만 그가 계획한 고속도로가 없었더라면 뉴욕은 비효율적인 교통체증에서 헤어나지 못했을 것이라는 반론도 만만치 않다. 그는 양면적 평가를 받는 도시계획가로서 어느 한쪽 진영으로부터는 반드시 단죄받게 되어 있는 불행한 운명의 소유자인 셈이다.

뉴욕의 로버트 모세와 비슷하게 불도저식 개발을 추진한 인물을 한국에서 꼽으라면 지금은 고인이 된 김현옥 서울시장을 들 수 있다. 2016년 6월 29일 ≪한겨레≫는 김현옥 시장에 대해 이렇게 보도했다.

1966년 4월 불혹의 나이에 14대 서울시장이 되어 불도저 시장으로 불리며 1970년 4월까지 서울시 개발을 진두지휘한 인물이다. 육군 준장 출신의 김 전 시장은 "박정희를 뺨칠 정도로 군사작전식 개발 의욕에 충만한 사람"으로 평가받았다. '작전 대상'은 지하도, 육교, 도로확장 등 주로 교통이었다. 강변북로를 비롯해 북악스카이웨이, 남산 1·2호 터널을 건설했다. 도심과 외곽을 연결하는 방사형 도로, 외곽과 외곽을 연결하는 순환도로를 개설하고 도심의 주요 간선도로를 확장했다. 김 전 시장 재임 때 도로 710km가 신설되고 50km가 확장되었다. 인구 유입 유동 효과를 높였고, 서울은 빠르게 팽창했다. 김 전 시장은 국가 기념일에 수십 건의 공사를 시작했고, 다른 국가 기념일에 공사를 끝냈다. 공사기간이 무척 짧았다. 그는 400동이 넘는 시민아파트를 만들었는데, 자고 나면 아파트가 벌떡벌떡 세워진다고 해서 '벌떡아파트'란 말이 생겼다.

로버트 모세의 도시 인프라 시설 공급 방식과 김현옥 시장의 도시개발 방식이 비슷해 보여 흥미롭다. 그러나 김현옥 시장이 몰락하는 사건이 발생했다. 1970년 4월 8일 새벽, 마포구 창전동의 와우시민아파트가 무너져 내린 것이다. 이 사건으로 33명이 목숨을 잃었다. 이 사건이 일어난 뒤에야 속도전을 벌이던 시민아파트 건설사업이 중단되었고 불도저 시장은 불명예 퇴진했다. 하지만 이와 같은 군사작전식 속도전이 있었기에 오늘날 서울의 인프라 기반 시설이 조성될 수 있었다. 이제는 '도시재생의 시대'라고 한다. 김현옥 시장도 로버트 모세처럼 인프라 시설을 공급한 공헌은 인정받고 있지만 민주적 절차와 삶의 질을 중시하는 시민을 위한 도시건설 측면에서는 부족했다는 비판은 피할 수 없다.

오늘날 서울의 도시철학은 김현옥 시장의 불도저식 도시개발 철학에서 얼마나 벗어났을까? 불도저식 도시개발이 물러난 자리에 관료주의 개발이 들어선 것은 아닐까? 21세기 서울을 위해서는 지금 어떤 도시개발 철학이 필요할까? 로버트 모세와 김현옥 시장의 개발 철학이 종언을 고한 것은 우리가 도시를 계획하면서 지녀야 할 마인드가 무엇인지를 제시한다.

▌ 1970년 와우아파트가 무너져 내렸다. 이 사건을 계기로 김현옥 시장의 불도저식 개발도 막을 내렸다.
자료: https://m.post.naver.com/viewer/postView.nhn?volumeNo=9686443&memberNo=7322715&vType=VERTICAL

(2) 로버트 모세와 한국의 뉴 어버니즘

서울의 주거지 개발은 불도저 시장 김현옥의 와우아파트에서 시작해서 합동재개발과 재건축, 이명박 시장의 뉴타운을 거쳐 박원순 시장의 도시재생 사업에 이르고 있다. 2009년에는 오세훈 시장이 대규모 면적에 걸쳐 막대한 자본을 투자한 메가 프로젝트를 추진하다가 용산참사라는 비극을 경험하기도 했다. 2009년 용산 참사는 주민 우선이 배제되고 부동산 개발을 통한 이윤 극대화라는 개발지상주의와 황금만능주의가 초래한 비극이었다. 우리는 르코르뷔지에 스타일의 모더니즘 도시만 건설해 온 것은 아닐까? 주민의 생존과 오랫동안 켜켜이 쌓여온 물리적 구조가 보존되는 유기적 도시를 지나치게 쉽게 포기해버린 것은 아닐까?

도시개발이 메가화되는 21세기에는 로버트 모세의 모더니즘 도시철학을 피해갈 수 없으며, 제인 제이콥스가 추구한 블록 단위의 유기적 도

▮ 서울에서 발생한 용산참사. 개발지상주의 철학이 가져온 비극이었다.
자료: 필자 제공

▮ 서민층이 거주하는 재래 주거지역 모습. 이런 곳은 대개 도시재생지구로 지정되고 있다.
자료: 필자 제공

시재생도 외면할 수 없다. 양자를 극적으로 결합해 한국도시에 적합한 뉴 어버니즘을 찾아내야 한다. 로버트 모세의 도시개발 철학은 제인 제이콥스의 주민생태 보존주의 철학과는 애당초 달랐다. 로버트 모세가

I 재건축된 서울 아파트의 모습
자료: 필자 제공

추진한 하향식 개발 방식과 제인 제이콥스가 추진한 유기적 도시주의 개념 간 대립은 긴장을 불러일으켰지만 그들은 단 한 차례도 진지한 논쟁을 갖지 않았다. 도시계획사에서 아쉬운 지점이 아닐 수 없다.

한 도시 개혁가가 등장해서 권력을 잡고 도시를 패션화시키면 새로운 도시 개혁가가 등장해 도시를 다시 패션화시킨다. 그러면 기존의 도시 개혁가는 소리 소문 없이 추락하게 된다. 시계의 추가 좌우로 흔들리는 것처럼 로버트 모세의 자동차 문화 도시와 제인 제이콥스의 주민이 걸을 수 있는 도시 사이 어딘가에 파라다이스가 있을 것이다. 도시의 추가 멈춰야 하는 지점은 과연 어디쯤일까?

제4장

21세기의 도시계획

근대도시 이론에 입각해 개발된 많은 도시들이 각지에서 파탄 나고 있다. 이러한 현상은 대체로 선진국에서 일어나고 있으며, 각국은 근대도시 이론을 대신할 새로운 개념을 모색 중이다.

도시계획의 새로운 조류 중 가장 널리 알려진 개념은 '콤팩트 시티 Compact City'로, 이미 일반명사가 된 이 개념의 구체적인 사례로는 미국의 '뉴 어버니즘'과 영국의 '어번 빌리지'가 있다.

1. 콤팩트 시티와 지속가능한 개발

1987년 발표된 「우리 공동의 미래Our Common Future」[1]와 1992년 채택된 '리우 선언Rio Declaration'[2] 이후 지속가능성sustainability과 지속가능한 개발sustainable development은 지상 과제로 부상했다. 지속가능한 개발을 실현하고 세계 경제 질서를 구현하기 위해서는 도시의 형태가 매우 중요하다. 이 사실에 이론을 제기하는 사람은 없을 것이다.

1987년 발표된 「브룬틀란 보고서」는 2000년이 되면 세계 인구의 절

1　1987년 지속가능한 개발의 의미를 처음으로 정의한 보고서로, 「브룬틀란 보고서」라고도 불린다.
2　1992년 브라질 리우데자네이루에서는 UN 국가 간의 협동을 통해 인간 환경을 지키기로 한 UN선언을 재확인했다.

반가량이 도시 지역에 거주하리라고 예측했다. 또한 1995년에는 세계 인구의 45%, 약 26억 명이 도시 지역에 거주할 것으로 예측했다. 20세기 말, 도시의 인구는 450만 명 규모의 필라델피아에서부터 2167만 명 규모의 멕시코시티(2019년 기준)에 이르기까지 40여 개의 도시에 폭넓게 분포하고 있다. 이 도시들에 세계 인구가 고르게 분포되어 있는 것도, 또 도시들이 모두 동일한 발전 단계에 도달해 있는 것도 아니다. 북미, 유럽, 오세아니아 등 선진국 인구의 약 70%인 19억 명가량이 도시에 거주하고 있지만, 그들이 차지하는 비중은 전 세계 도시 거주자의 약 28%에 불과하다. 바로 이 인구가 전 세계 자원의 대부분을 사용했으며 이들이 누린 풍요는 곧 지구적 지속 가능성이라는 중차대한 과제를 낳은 주범이다.

이처럼 자원의 불균등한 소비는 지구적 충격을 안겼다. 좀 더 구체적으로 보자면 북미 사람의 평균 에너지 소비량은 아시아나 남미 사람의 8배이고, 아프리카 사람에 비해서는 무려 16배이다. 온실가스 배출량 사정도 이와 비슷하다. 미국과 비교하면 절반에도 미치지 못하지만 유럽도 여전히 에너지 소비가 높은 지역에 속한다. 미래의 자원이 한계를 드러내고 있기 때문에 지금과 같은 속도로는 자원을 사용할 수 없으리라는 점에서, 환경을 살리면서 발전을 지속하는 것이 지상과제가 되었다. 문제의 주범인 선진국을 제외한 나머지 국가들까지 선진국이 지나온 길을 그대로 뒤따른다면 인류는 생태계 붕괴라는 전대미문의 역경에 처하게 될 것이다. 그러므로 환경과 자원의 문제에 직면한 현대 도시를 대체할 수 있는 새로운 도시 모델을 개발하는 것이 필요한 시점이다.

지속가능한 발전을 위해서는 도시의 형태가 변화해야 한다. 세계 인구의 증가와 가중되는 환경 문제 앞에서 지속가능한 발전을 하려면 자원의 소비처인 도시가 해야 할 역할이 있다. 지속가능한 성장을 위한 도시 정책을 개발해 성공시킨다면 그로부터 매우 큰 혜택을 얻을 수 있을 것이다(Jenks, Burton and William, 1996: 3~4).

과거의 도시계획이 확대·발전을 지향했다면 지금은 오히려 축소·고밀화를 지향한다. 이러한 움직임을 총칭해서 '콤팩트 시티'라고 한다. 이 개념은 근대도시 이론에 대한 반성에서 출발해 도시를 중세시대의 도시처럼 단출하지만 활기 넘치게 가꾸려는 비전을 실현시키고자 탄생했다(조재성, 2014: 146). 콤팩트 시티는 지속가능한 도시 공간의 형태로 제안된 도시 정책 모델이다. 미국의 예를 들면, 콤팩트 시티 개념에 맞추어 '스마트 성장 정책'이라는 도시 성장 정책을 추진하고 있으며, 클린턴 정부에서는 '살기 좋은 지역사회 만들기Livable Community Agenda'라는 정책으로 콤팩트 시티 모델을 추진하기도 했다.

1) 콤팩트 시티의 정의 및 형태

미국과 영국을 비롯한 선진국에서는 도시 문제와 환경 문제를 동시에 해결할 단초로서 콤팩트 시티라는 개념을 정립해 실험 중이다. 도시의 형태와 지속가능한 개발은 떼려야 뗄 수 없는 관계이기 때문이다. 지속가능한 도시는 거주민 간의 사회적 교류를 촉진시킬 만큼 조밀해야 하며, 걷기나 자전거 타기, 대중교통 이용에 적합한 형태로 규모가 적당해야 한다. 한편 일부 전문가는 집중화된 대규모의 거점이 있고 대중교통 네트워크가 잘 발달되어 있으며 규모가 적당한 자족적 공동체를 지속가능한 도시로 상정하기도 한다. 기존의 도시에 콤팩트 시티의 개념을 적용시키면 도시의 개발을 더욱 활성화시켜 더욱 많은 사람을 불러들이게 된다. 예컨대 복합 기능의 초고층빌딩에서는 업무와 주거, 쇼핑, 심지어 여가 생활과 미팅까지 가능하므로 출퇴근을 위해 이동할 필요가 없어 도로를 건축할 비용이 들지 않으며 추가적인 환경 파괴도 없다. 지속가능한 도시의 형태를 개발하기 위해서는 콤팩트 시티가 지닌 면면에 주목할 필요가 있다.

콤팩트 시티는 높은 인구밀도를 통해 편익을 얻으며, 도시 시설이 한 곳에 집중적으로 배치되어 있어 공간 이용이 집약적이다. 다시 말하면, 집약적인 토지이용, 한 곳에서 이루어지는 거주민의 업무와 일상 활동, 높은 인구밀도, 그리고 복합적 기능을 지닌 건축물의 배치가 특징이다 (Thomas and Cousins, 1996: 54~55).

유럽의 많은 역사적 도시의 중심부가 조밀하게 개발된 사례는 콤팩트 시티의 중심부를 개발하는 모델이 되고 있다. 이런 도시들은 종종 도시 생활에 활력과 다양성을 제공하기 때문에 도시생활을 하기에 이상적인 장소이다.

콤팩트 시티의 열렬한 주창자는 유럽연합이다. 유럽연합의 콤팩트 시티 이론은 복합 용도의 초고층 건물이 도심부에 집중되어 있어 시민들이 이동하지 않고 한자리에서 편리하게 다목적으로 이용할 수 있으며 더 이상 확장이 불가능한 도시를 전제로 한다(Jenks, Burton and William, 1996: 5). 환경 지향적이며 사회적 활동도 촉진하는 복합용도의 건축물은 집중적 개발을 초래하고, 자동차 매연을 감소시키며, 긴 시간 먼 거리를 왕래해야 할 필요성도 감소시킨다. 이런 도시에서는 대중교통 이용이 증진되고, 교통의 소음이 감소하며, 걷기나 자전거 타기 같은 교통 수단이 중시된다. 에너지 효율성이 높은 건물은 매연도 적게 방출한다. 또 고밀도여서 사회적 교류를 촉진하며 경제성 있는 쾌적한 시설도 제공한다.

조지 댄치그George Dantzig와 토머스 사티Thomas Saaty는 인구 25만 명을 수용하는 콤팩트 시티를 제안했다. 도시의 직경이 2.66km(8840피트)이며, 여기에 기단부의 면적이 2.2제곱마일인 8층 건물에 인구 25만 명을 수용해서, 이동거리가 짧고 에너지 소비를 최소화할 수 있는 도시를 만드는 것이다. 또한 높이와 직경을 두 배로 늘리면 200만 명도 수용하는 도시로 만들 수 있다고 제안했다(Dantzig and Saaty, 1973: 36~37).

콤팩트 시티는 공지를 적게 잡아 체증과 오염을 심화시키고 과밀을 불러 도시의 질을 저하시킨다고 주장하는 목소리도 있다. 나아가 지속 가능한 개발이 반드시 콤팩트 시티로 귀결될지는 여전히 불투명하다는 부정적인 견해도 있다. 도시 및 교외 거주자에게 도시의 조밀화에 따른 편익은 곧 사회, 경제, 자연 환경에서 발생할 손실로 상쇄될 것이기 때문이라는 것이다.

이런 부정적 견해에 맞서 새로운 콤팩트 시티가 등장했다. 새로운 콤팩트 시티는 널찍하면서도 건설과 유지에 경제적으로 큰 부담이 되지 않는 도시를 말한다. 새로운 콤팩트 시티는 개인 정원을 원하는 사람에게는 개인 정원을, 공공 정원을 원하는 사람들에게는 공공 정원을 제공한다. 주거지에서 학교 또는 직장까지 수분 이내에 도달할 수 있고 대중 교통 수단을 선택할 수 있다. 또한 점포, 식당, 운반체계, 병원시설, 그 외 다른 모든 일상적인 시설이 낮과 밤, 주중과 주말, 겨울과 여름을 가리지 않고 지체 없이 제공되는 도시이다. 새로운 콤팩트 시티에는 교외지 난개발이 없으며, 고속도로의 교통체증, 스모그나 어떤 형태의 도시 불량 지역도 발생하지 않는다. 콤팩트 시티의 건설은 좁은 토지만으로도 충분하다. 도시는 가변형으로 시공되어 도시의 일부분을 리모델링하거나 재생하거나 재배치하는 것이 쉬워지며, 궁극적으로 슬럼화되는 쇠퇴 과정을 피할 수 있다.

지구 온난화가 가져올 참담한 결과를 피하려면 지속가능한 개발에 대한 해법을 시급히 모색해야 한다. 콤팩트 시티와 같은 도시 형태를 갖추고 차량 의존도를 줄이기 위해서는 생활양식도 그에 걸맞게 변화해야 할 것이다. 또한 미래의 도시개발 형태는 성장과 에너지 소비, 접근성, 경제적 활력, 생태학적 통합과 보호, 정치적 성취, 생활의 질에 대한 대중적 영감 등을 수용할 수 있어야 한다.

콤팩트 시티는 이런 것들을 가능하게 해준다. 콤팩트 시티는 자가용 의존도, 배기가스 방출량, 에너지 소비를 줄이는 한편 대중교통 서비스, 도시 전역에 대한 접근성을 향상시킨다. 또한 도시 기반시설과 이미 개발된 토지를 재활용해 기존의 도시 지역에 활력을 가져오며, 생활의 질을 보장하고 녹지공간을 보존한다. 한편 교역활동을 활성화시켜 비즈니스 성과를 높일 것으로 전망된다(Thomas and Cousins, 1996: 54~55).

2) 콤팩트 시티와 지속가능한 도시의 연관 관계

도시의 형태와 지속가능성 간의 연관성은 최근 열띤 토론 주제 중 하나이다. 장래에 개발될 도시의 미래상 및 형태가 자원 고갈과 경제의 지

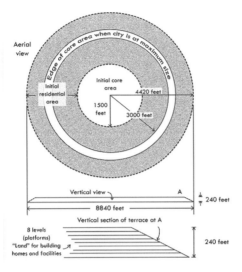

I 인구 250만 명, 기단부 면적 2.2제곱마일인 콤팩트 시티의 단면과 측면도. 인구가 200만 명까지 성장
하면 도시의 높이와 직경은 두 배로 확장된다.
자료: 필자 제공

속적인 성장에 어떤 영향을 미칠 것인지는 21세기 도시계획의 화두이다
(Jenks, Burton and William, 1996: 12).

　앞서 밝혔듯이 콤팩트 시티는 지속가능한 미래를 구상할 때 빠뜨릴
수 없는 중요한 요소이다. 도시를 단출하고 조밀하게 만들면 이동거리
가 줄어들고 매연과 온실가스 배출이 감소되며 지구 온난화를 억제하는
데 기여한다. 그리고 고밀도의 생활은 화석 연료 사용뿐만 아니라 도시
거주자의 장거리 교통비용 지출과 대기오염, 연료비용까지 감소시킨다.

　「유럽연합의 도시환경에 관한 환경 보고서European Green paper on the
Urban Environment」에 따르면 "도시는 밀도와 다양성, 효과적인 사회·경제
적 기능, 그리고 에너지와의 조합을 제공한다". 그러나 21세기의 도시가

직면한 많은 환경 주제, 예컨대 CO_2 방출, 오존층 파괴, 산성비, 에너지 소비 등은 자동차의 이용과 관계가 깊다. 환경의 지속가능성을 극대화하기 위해서는 자동차를 이용한 이동거리를 줄이고, 도보, 자전거 타기, 대중교통 이용을 장려하며, 기존의 도시 시설 근처에 주택을 건축해야 한다. 이쯤에서 "1인당 석유 소비량과 인구밀도 사이에는 분명한 상관관계가 있다"는 점도 지적해야 할 것이다(Newman and Kenworthy, 1989). 미국 도시의 석유 소비량은 호주 도시의 두 배이며, 유럽 도시에 비해서는 네 배에 달한다. 이는 도시 형태의 단순화·조밀화와 석유 소비량이 밀접한 연관성이 있다는 사실을 방증한다고 하겠다.

영국에서도 연구조사기관 ECOTEC은 최저 밀도의 환경에서 거주하는 사람들의 주당 차량 운행거리가 최고 밀도의 환경에서 거주하는 사람들의 두 배에 달한다고 밝혔다(ECOTEC, 1993). 마이클 브리헤니Michael Breheny는 모든 영국인이 대도시권 수준의 인구밀도로 거주한다면 교통에너지를 약 34%까지 절약할 수 있을 것으로 추산했다. 이로써 도시의 인구밀도와 교통 연료 소비 간에 밀접한 관계가 있음이 드러났다.

엄격한 도시계획 정책을 통해서만 도시 지역으로 인구를 다시 유인할 수 있는 것은 아니다. 도시는 일하고 생활하는 장소로서의 흡인력이 날로 강해지고 있다. 영국에서 실시된 한 조사에 따르면 전문직 여성은 높은 삶의 질을 제공하는 대도시로 유턴하고 있다. 그러므로 개발의 밀도와 자동차 이동 간의 상관관계를 확인하는 데에는 원인과 결과가 뒤섞여 있다. 자가용 차량을 이용할 때에는 교통체증으로 제약을 받기 때문에 저밀도 입지의 매력이 감소하며 도보나 대중교통으로 왕래 가능한 거리 내에 있는 시설이 매력적이게 된다.

콤팩트 시티가 자가용 이용을 줄이는 가장 효과적인 수단은 아니지만 자동차 이용을 감소시키기 위해서는 콤팩트 시티를 더욱 매력적인 곳으로 만들어야 한다. '엄격한 도시계획에 따른 제한'이라는 채찍보다 '사람들을 도시로 흡인할 만큼 매력이 넘치는 콤팩트 시티'라는 당근이 필요하다(Rudlin and Falk, 2000: 128~130).

2. 집중주의, 분산주의, 그리고 절충주의

지속가능한 개발에서 도시계획의 역할을 강조하는 이유는 도시의 형태가 환경 보호에 크게 기여하기 때문이다. 「브룬틀란 보고서」가 발표된 이후 자연 환경이 정치에 우선한다는 개념이 대세로 떠올랐다. 많은 나라에서 지속가능한 개발을 위한 아이디어를 모색하려는 노력이 가중됨에 따라 정책적·정치적·대중적 태도에서 근원적인 변화가 일어나기 시작했다. 그러나 어떤 방식으로 문제에 접근하든 간에 근원적인 문제는 어떻게 환경을 개선하느냐 하는 것이다. 공통된 하나의 답은, 환경을 개선하기 위해서는 도시계획 제도의 역할이 중차대하다는 것이다. 대도시를 단순하면서도 조밀하게 만들기 위해서는 무엇보다 도시계획 제도를 제대로 이용해야 한다(Breheny, 1996: 13).

산업도시 문제에 대한 대응책으로서 도시 분산화를 선호하는 분산주의자와 고밀도 도시를 좋아하며 도시의 난개발을 비난하는 집중주의자 간의 대립은 오랜 역사를 갖고 있다. 20세기 도시계획의 역사는 19세기 산업도시의 폐해에 대처하는 방안들로 점철되어 있다. 하워드, 게디스, 라이트, 르코르뷔지에에서부터 멈포드, 오스본과 그 외의 다른 추종자들에 이르기까지 20세기 많은 도시계획가의 도시계획은 산업도시가 가져온 폐해에 대응하기 위해 이루어졌다. 1945년 이후 19세기적 도시 문제는 감소했지만 20세기적 도시 문제가 새로 등장하면서 도시계획을 이끄는 동기는 더욱 다양하고 세밀해졌다.

1) 분산주의자와 집중주의자의 역사

분산주의자들의 관점은 오랜 역사를 자랑한다. 유럽과 북미에서 개발된 실제적인 도시계획은 불결한 도시에 대한 반발로 산업혁명기에 성장했다. 도시 집중화가 대세였지만 오히려 이로 인해 분산주의적 해법이 잉태되었다. 분산주의자들이 모색하던 도시계획 방식은 마침내 영국의 자선 사업가들에 의해 결실을 보았다.[3]

당시 도시계획의 밑바탕에는 산업도시가 유발한 질병과 체증에서 벗어나 건강하고 기능적인 환경을 배경으로 공동체를 만들고자 하는 열망이 깔려 있었다. 이렇게 계획된 공동체는 도시 집중화가 심화되던 과정에서 작은 진전을 이루었고, 이러한 진전은 1945년 이후까지 유럽에서 지속되었다. 대세에 비하면 작은 진보였으나, 분산주의적 해법은 구심력을 갖는 도시화에 대한 대안적 아이디어라고 간주되었기 때문에 역사적으로 중요하게 평가되고 있다.

---

3   자선 사업가에 의해 건설된 도시의 예로는 뉴 라나크, 솔테어, 포트 선라이트, 본빌, 뉴 어스윅을 꼽을 수 있다.

도시 형태에 대한 토론이 가장 격렬하게 일어난 시기는 1898년에서 1935년까지이다(Breheny, 1996: 15). 르코르뷔지에가 집중주의자라면 프랭크 로이드 라이트는 분산주의자이다. 두 사람은 에버니저 하워드가 주도한 레치워스와 웰린 전원도시, 그리고 햄스테드에서 적용한 아이디어와 경험을 자신들의 작업에 반영시킬 수 있는 후발자의 혜택을 누렸다. 그렇기 때문에 두 사람은 하워드의 한계를 뛰어넘는 대안을 제시할 수 있었다.

　르코르뷔지에의 '빛나는 도시'와 라이트의 '브로드에이커 시티'가 양극단에 위치한다면, 하워드의 전원도시는 그 중간 지점을 점하고 있다. 나중에는 하워드가 집중주의자나 분산주의자가 아닌 절충주의적 입장이었다는 평가를 받기도 했다. 그러나 제인 제이콥스 같은 학자는 하워드를 분산주의자의 태두로 간주했다.

2) 분산주의자

　르코르뷔지에와 프랭크 로이드 라이트가 에버니저 하워드의 아이디어를 대체할 대안을 제시했다는 사실은 매우 중요하다. 1880년대와 1890년대의 사회적·경제적 문제를 놓고 깊은 고민에 빠졌던 사회 개혁가 하워드에게 도시는 아름다운 섬에 자리한 궤양과도 같은 존재였다. 하워드는 협동적 문명이 꽃을 피울 수 있도록 소규모의 공동체를 고안해 내고 이것이 분산화된 사회 속에 자리 잡아야 한다고 생각했다. 이를 위해 구체적으로 도시와 농촌, 전원도시, 밀도 등의 개념을 사용했는데, 이 같은 하워드의 해법은 '일정 규모의 분산화contained decentralisation'로 평가된다.

하워드의 유산인 레치워스와 웰린 같은 전원도시는 그의 아이디어가 성공적으로 적용된 예이다. 제2차 세계대전 이후 진행된 영국의 신도시 정책의 뿌리는 하워드에게 닿아 있다. 하워드의 전원도시 아이디어는 20세기 내내 도시계획에서 이정표 역할을 했다. 그리고 도시에 대한 하워드의 관점을 추종하던 루이스 멈포드와 프레더릭 오스본은 이후 적합한 도시 형태를 놓고 오랜 기간 토론을 벌였다.

하워드와 그의 추종자들은 분산주의 계열로 분류할 수 있다. 그중에서도 프랭크 로이드 라이트가 가장 극단적인 분산주의적 입장을 견지한 것으로 평가된다. 1920년대에 라이트는 자동차와 전기가 도시의 흡인력을 이완시켜 도시가 농촌 지대로 확장되어 나갈 것으로 판단했다. 이런 사회에서 넓은 대지는 사람들을 불러내는 수단으로, 신기술은 도시를 확산시키는 수단으로 중요하게 작용한다. 이때 사람들의 기본적인 생활 단위는 자영 농장homestead이 되고 공장, 학교, 점포는 넓은 농촌 지대로 확산된다. 신기술을 통해 도시민들은 온갖 형태의 생산과 분배에 참여하고 자가 개량을 시도하며 10~20마일 반경 내에서 일상생활의 모든 즐거움을 도모한다. 하워드와 르코르뷔지에처럼 라이트도 산업도시와 산업자본을 싫어했다. 중앙 통제를 선호하는 르코르뷔지에와 달리, 라이트는 협동적 사회주의cooperative socialism를 선호해서 개인이 농촌에서 일하며 자유롭게 거주하는 쪽을 택했다. 라이트는 도시와 농촌의 혼인marriage을 원하지 않았다. 오히려 그들의 합병merge을 원했다(Breheny, 1996: 17).

라이트의 브로드에이커 시티는 모든 것으로부터 자유로운 분산화를 뜻하는 것은 아니라 계획에 입각하고 미학적으로 통제된 분산화를 의미한다. 분산화가 대중적으로 인기 있을 것이라는 라이트의 예측은 옳았으나 계획에 따른 분산화를 가정했다는 점에서는 틀렸다. 1920년대 이후 나타난 대규모의 교외화 현상에는 다양한 힘이 가세했고 이후 이런 추세가 반反도시화로까지 치닫는 경향이 미국에서 나타났다.

해당 시기에 나타난 중요한 흐름은 지역계획이라는 추세였다. 제인 제이콥스와 같은 집중주의자들은 지역계획 옹호자들을 분산주의자로 간주했다. 더 나아가 대부분의 집중주의자는 지역계획 운동을 효과적인 분산주의 운동의 일환으로 간주했다. 하지만 지역계획 입안을 지지하는 입장은 집중주의자나 분산주의자를 가리지 않았다.

지역계획 운동은 보통 19세기 영국의 지리학자 패트릭 게디스에서 부터 패트릭 애버크롬비와 루이스 멈포드, 그리고 미국지역계획협회에 이르기까지 그 맥을 형성한다. 분산주의자들이 주도한 지역계획 운동은 경제와 사회 같은 폭넓은 맥락을 통해 관찰한 도시를 근간으로 삼았다. 이들의 지역계획 운동은 도시 및 지역 조사라는 아이디어와 광역 규모의 도시계획을 끌어냈다. 대표적인 예로는 최초의 전원도시 레치워스에서 초대 매니저를 역임한 토머스 애덤스Thomas Adams[4]가 1927~1931년에 걸쳐 추진한 '뉴욕지역계획Regional Plan of New York'과 1945년 애버크롬비가 추진한 '런던대권계획'을 들 수 있다.

---

[4] 애덤스는 '전원교외지(garden suburb)'라 불리는 저밀도 주거지를 개발한 디자이너이기도 하다.

3) 집중주의자

1960년대에 대재앙으로 귀결된 고층 아파트 방안을 고안했다는 이
유로 비난의 대상이 되곤 하는 르코르뷔지에는 도시를 회복시키는 데
관심이 있었다. 르코르뷔지에는 하워드와 동일한 문제의식을 갖고 있었
지만 분산주의 흐름에서 보면 그는 이단자였다. 하워드나 라이트는 도
시의 밀도를 떨어뜨려 도시 환경을 개선시키려 한 데 반해, 르코르뷔지
에는 거꾸로 밀도를 높여서 도시 중심부의 체증을 해결하고자 했다. 르
코르뷔지에는 고층의 타워형 아파트가 공개 공지를 늘리고 교통순환을
향상시킬 것이라고 생각했다. 고층 건축물 블록은 1960년대에 제인 제
이콥스가 도시의 외과수술이라 불렀던 전면적인 도시 재개발이 진행되
던 시기였기에 실행 가능한 아이디어였다.

르코르뷔지에의 아이디어는 1935년에 출간된 저서 『빛나는 도시』
에서 가장 발전된 형태로 나타났다. 그가 추구한 도시는 엄격한 공간 규
범에 따라 건축된 고층 아파트군에 사람들이 거주하는 집단화된 도시이
다. 이때까지 르코르뷔지에는 도시에 대한 외과적 수술뿐만 아니라 개
방된 농촌에 고층의 건축물이 들어선 새로운 도시를 건설하는 데에도
관심이 있었다. 르코르뷔지에가 성공적인 건축가는 아니었지만, 그의
아이디어의 유산과 영향은 인도 편잡주의 신수도 찬디가르 건설과 브라
질의 수도 브라질리아Brasilia의 건설로 이어졌다.

르코르뷔지에의 아이디어는 1950년대 런던에서 활동하는 건축가들
이 발전시켜 1960년대에 주로 채택되었다. 나아가 집중주의의 극단적
인 형태도 나타났다. 그 내용은 1973년 도시의 난개발 감소와 개방된 농

Ⅰ브라질리아의 정부청사(위)와 인도 찬디가르의 의사당 전경(아래). 르코르뷔지에의 영향을 받아 건축된 대표적인 건물 중 하나이다.
자료: https://www.flickr.com/search/?text=Brazillia(위), https://www.flickr.com/search/?text=Chadigarh(아래)

촌의 보존을 목표로 댄치그와 사티가 연구한 콤팩트 시티 제안서에 상세하게 담겨 있다.

댄치그와 사티가 구상한 콤팩트 시티에는 폭 2.66km, 높이 8층인 실린더 모양의 실내에 25만 명의 인구가 거주한다. 기후를 통제하는 실내에서는 수직과 수평으로만 이동하는 게 전부라서 이전과는 비교도 되지 않을 만큼 이동거리가 짧아질 것이고 그에 따라 에너지 소비가 최소화될 것으로 예측했다. 1980년대 말부터 도시계획과 도시의 형태가 지속가능한 개발을 추진하는 데 핵심적인 요소라는 점이 분명해짐에 따라 도시 형태에 대한 토론이 한층 활발해졌다. 오랫동안 토론을 지배해 왔던 분산주의자들의 관점은 토론의 초점이 환경적 지속가능성 쪽으로 이동함에 따라 매력을 상실했다. 따라서 오늘날에는 집중주의자들이 토론을 주도하면서 환경오염을 감소시키고 개방된 농촌을 도시 용도로 전환하는 데 따른 손실을 막는 쪽으로 의견이 모아지고 있다(Breheny, 1996: 20~21).

오늘날 지구 온난화로 인해 모든 나라에서는 지속가능성이 당면한 과제 중 하나가 되었고 이로 인해 각기 저마다 '도시 봉쇄urban containment'라는 아이디어에 주목하고 있다. 각 국가들이 새로운 아이디어를 주시하는 이유는 첫째, 엄격한 도시 봉쇄가 단거리 이동을 촉진하고 더욱 많은 대중교통 시설의 공급과 이용을 유인해 장거리 이동의 필요성을 감소시킬 것이라는 전망 때문이다. 이동거리가 줄면 비재생성 에너지 이용과 유해한 매연도 그에 비례해 감소할 것이다. 둘째, 일반적으로 도시를 봉쇄하면 농촌 개방지와 생태적 서식지의 손실을 감소시켜 환경적 유익이 발생하기 때문이다. 여기서 흥미로운 점은 도시의 고밀도 개발에서 비롯되는 양질의 도시 생활이 또 다른 동기가 된다는 점이다.

이쯤에서 집중주의에 대한 일반 평단의 견해와 매우 다른 견해를 지닌 제인 제이콥스를 살펴보자. 원래 제이콥스가 공격했던 적은 하워드나 멈포드 같은 고전적인 분산주의자들이었다. 그녀는 "전원도시로 돌풍을 일으켜 도시를 파괴로 이끌었다"라며 하워드를 혹평했다. 그런데 그녀는 도시를 청소하길 꿈꿨던 르코르뷔지에가 집중주의적 시각에 입각해 도시에 대해 외과수술을 집도했다며 그 또한 적으로 돌렸다. 제이콥스는 이들 모두 거친 물리적 해법과 자기중심적인 권위주의에 빠져 있었다고 비판했다. 제이콥스는 뉴욕의 근린주거지에서 발견한 도시적 활력과 다양성을 사랑했다. 밀도가 다양성을 창출하는 현실적 사실에 기초해서 그녀는 고밀도 도시를 주장했다. 밀도 높은 뉴욕에서 즐길 수 있는 도시 생활의 풍요로움은 다양성을 통해 창출된다는 그녀의 관점은 어느 정도 사람들을 매료시켰다.

그러나 제이콥스의 작업이 지닌 근본적인 모순은 그녀는 쇠락과 난개발이라는 도시의 문제에 대한 근원적인 해법이 필요하다는 사실을 인지하지 못했다는 것이다. 근린주거지의 보존과 다양성의 증진만으로는 그녀가 그토록 경멸했던 분산화를 역전시킬 수 없었다.

도시계획 역사학자 로버트 피시먼Robert Fishman은 1970년대까지 도시계획가들에게서는 르코르뷔지에, 하워드, 라이트 등이 지녔던 신념을 찾아볼 수 없다고 결론 내렸다. 도시 문제를 해결할 방안을 찾을 수 있을 것이라는 믿음을 상실했기 때문이다. 또한 도시계획가들이 실용적으로 변해 '거대 아이디어'에 대해 더 이상 관심을 보이지 않았고 믿지도 않았다고 개탄했다(Fishman, 1977: 267). 피시먼은 선견지명이 있었다. 에너지 위기와 통제되지 않는 도시 난개발은 궁극적으로 도시계획을 대형 계획으로 회귀하도록 만들 것이다. 제이콥스와 같은 사람들이 주창하는 반도시계획은 설 자리를 잃을 것이다.

지속가능한 개발이라는 공동의 선에 합의한 이후 지속가능한 개발은 선각자들이 19세기 산업도시의 폐해에 대응하고자 했던 노력에 버금가는 큰 화두로 떠올랐다. 이를 해결할 방안으로 떠오르고 있는 아이디어가 앞서 살펴본 콤팩트 시티이다.

연도	집중주의자		분산주의자	
	해법	대표 학자	해법	대표 학자
1800			뉴 라나크	로버트 오언
1850			솔테어	티투스 솔트
			본빌	조지 캐드버리
			포트 선라이트	윌리엄 레버
1900			전원도시	에버니저 하워드
1935	빛나는 도시	르코르뷔지에	브로드에이커 시티	프랭크 로이드 라이트
1955	서브토피아에 대한 반격	네언	신도시운동	멈포드, 오스본, 도시·농촌계획협회
1960	도시 다양성	세넷, 제이콥스		
1970	시빌라	드 울프		
1975	콤팩트 시티	댄치그와 사티		
1990	콤팩트 시티	중앙정부, 뉴먼과 켄워시, ECOTEC, CPRE	시장적 해법, 훌륭한 생(Good life)	고든과 리처드슨, 에반스, 체셔, 시네, 로버트슨, 그린과 할리데이

자료: Brehny(1996: 30).

4) 절충주의자

최적의 도시개발 방식을 찾고자 하는 토론은 매우 긴 역사를 갖고 있다. 20세기를 관통하는 두 갈래 논쟁, 즉 집중주의와 분산주의가 이를 양분해 왔다. 21세기로 전환할 무렵 각 분파는 하워드, 라이트, 르코르뷔지에의 비전을 중심으로 재결집했다. 이 계보는 1960년대 말부터 1970년대 초까지 추적 가능하다. 이때만 해도 거대 아이디어는 관심 밖이었다. 지속가능한 개발 같은 오늘날의 지구적 문제에 걸맞은 해법으로서 콤팩트 시티라는 방안이 출현하자 도시개발 방식에 대한 토론이 다시 불붙었다. 오래된 분파는 재편되기 마련이라서 오늘날에도 60년 전과 같이 매우 격렬한 방식으로 여러 분파가 재편되고 있다. 그런데 도시와 농촌이 반드시 분산주의적 입장이나 집중주의적 입장을 따르는 것이 아니라 중간노선을 따르는 것도 하나의 방법이라는 견해에서 등장한 것이 바로 절충적 노선이다.

절충적 노선은 중간적 입장이었기 때문에 집중주의와 분산주의 이후 제일 나중에 등장했다. 절충주의는 늦게 등장했음에도 불구하고 놀랄 만한 견해를 제시했다. 양 극단으로부터 장점은 취하고 단점은 과감히 버렸기 때문이다.

집중주의를 반대하는 입장은 다음 네 가지 관점에서 집중주의에 대해 비판적이다(Breheny, 1996: 30). 첫째, 집중주의가 주장하는 환경적 이익이 발생하지 않을 개연성이 있다는 점, 둘째, 도시 분산화를 멈추는 것은 사실상 불가능하다는 점, 셋째, 녹지개발 운동은 조밀화 정책에서 조차 불가피하다는 점, 넷째, 고밀도의 생활은 집중주의가 약속하는 양질의 생활을 보장하지 못할 수도 있다는 점이다.

첫째 관점은 에너지 소비가 일부 감소할 테지만 집중주의로 인해 얻을 수 있는 이익이 그 때문에 발생할 불편보다 크지 않으리라는 전망에서 비롯된다. 둘째 관점은 영국에서 봉쇄적인 도시계획 체제를 취하고 있음에도 불구하고 도시 분산화가 급속하게 진행된다는 사실에서 비롯된다. 영국에서는 1981년부터 1990년까지 10년 사이에 120만 명의 인구가 농촌과 준농촌 지역으로 이주해 나갔다. 이런 수치가 입지에 대한 호불호를 말해주는 것이라고 확신하기는 어렵지만, 사람들이 농촌 및 준농촌 지역에서 생활하기를 강하게 열망한다는 것을 반영하는 것만은 분명해 보인다. 첨언하자면, 통계수치는 엄격한 봉쇄 정책이 매우 인기 없는 정책임을 시사한다. 셋째 관점은 극단적인 집중주의자들은 모든 미래의 도시개발은 기존의 도시경계 내에서 이루어져야 한다고 주장하지만 일부 녹지를 개발로 전용하는 것은 불가피하다는 사실에서 비롯된다. 끝으로 넷째 관점은 도시생활의 질이 집중주의자들이 예측하는 것처럼 향상되지 않고 그와는 정반대로 저하될 것이라는 전망에서 비롯된다. 이런 전망은 최소한 영국에서는 대부분의 사람이 저밀도의 생활에 만족한다는 사실로 반증된다. 물론 고밀도의 도시생활을 선택하는 인구 집단이 있긴 하다. 시간이 흐름에 따라 건축적으로 흥미를 유발하고 사회적으로 배타적인 고밀도의 도시 지역이 대중적으로 인기를 얻는 경우도 생겨나기 마련이다. 그러나 이런 부류의 사람들과 지역은 매우 예외적이다. 도시와 같은 고밀도 지역에 사는 사람들은 자신의 의지로 거주지를 결정했다기보다는 고용 기회와 임대주택 활용이라는 입지적 요인에 끌린 것이다. 일부 도시 지역과 특히 대부분의 교외지에서 과거 봉쇄 정책을 실시한 결과 '도시로 밀어넣기'라는 현상이 나타났다는 것이 오늘날의 시각이다. 농촌 지역의 개발을 방지하려는 정책은 도시 녹지공간을 축소시키고 교통체증을 심화시켜 도시 지역에 대한 압박으로 작용한다. 그러므로 농촌 및 농촌 거주자들의 삶의 질을 보호하려는 시도는 도시 거주자들의 생활수준을 저하시킨다는 논쟁마저 부르고 있다.

극단적인 분산주의에 반대하고 집중주의를 선호하는 그룹은 다음과 같이 주장한다. 먼저, 영국농지보존위원회Council for the Production of Rural England: CPRE는 개발로 인해 개방지에서 발생하는 연간 손실을 과장하는 경향이 있긴 하지만, 여기서 제시한 사례들은 일반적으로 타당하다. 농촌에서 수백만 명의 사람들이 1에이커씩의 경작지를 개발한다는 것은 매력적인 전제가 아니다. 또한 현대의 많은 분산주의자들이 주장하는 것처럼 정보통신 발달의 혜택을 모든 소도시와 마을에서 누릴 수 있을지도 불분명하다.

둘째, 분산화가 계속 진행된다면 결국에는 도시가 더욱 생기를 잃을 우려가 있다. 도시계획 정책이 계속 허용된다면 업무 활동도 더욱 분산될 것이다. 분산화를 용인하는 정책은 도시의 사망을 앞당길 것이다.

집중주의 사례와 분산주의 사례의 장단점을 모두 살펴본 절충주의자들의 주장은 꽤 매력적이다(Breheny, 1996: 32). 이들은 집중주의 사례로부터는 도시 봉쇄 정책을 지속하되 도시재생 전략을 구사하는 방안을 취한다. 또한 새로운 도시 간에 환경 주도권을 쥐려는 경쟁 등도 장점으로 채택한다. 그리고 삶의 질 향상보다는 환경적 이익이라는 결과를 우선시한다. 분산주의 사례로부터는 큰 규모의 대중교통 시설을 지원하고 최소한의 환경 피해만 발생하도록 분산화 절차를 통제하며 환경적·의식적으로 새로운 정주지로 일부 개발을 허용하는 방안을 채택한다.

그러나 집중주의와 분산주의의 장점만 취한 절충주의적 입장은 오늘날 단순화·조밀화가 지배적 추세로 자리 잡은 도시개발 형태에 관한 토론에서 지지를 얻지 못하고 있다. 그렇지만 절충주의 같은 중간지대를 지지하는 그룹도 없지는 않다. 그 예로 도시·농촌계획협회가 '지속가능한 사회적 도시sustainable social city'를 촉진하기 위해 취한 일반적인 노선을 들 수 있다. 도시·농촌계획협회의 이러한 노선은 하워드를 연상시킨다. 제이콥스의 평가처럼 하워드의 관점은 극단적인 분산주의라기보다는 절충주의에 가깝다. 하워드는 도시를 재생시키면서 동시에 농촌도 보호하고자 했다. 그는 봉쇄를 선호했으며 도시와 농촌의 혼인을 원했다. 절충주의의 입장은 도시 지역을 집약적으로 이용할 때 발생하는 이익과 손실을 계산할 경우 '과밀로부터는 얻을 것이 없다'는 것이라고 요약할 수 있다.

오늘날 거대 아이디어에 대한 열망이 다시금 끓어오른다. 그러나 세계는 하워드나 라이트, 르코르뷔지에가 활동하던 때보다 훨씬 복잡하고 정치적으로 변했다. 지속가능성이 거대 아이디어에 대한 동기로 작용하더라도 그 아이디어는 반드시 현실에서 검증되어 조정을 거쳐야만 한다. 절충주의 노선은 작은 아이디어에 불과하지만 제대로 연구한다면 큰 아이디어로 발전할 수 있을 것이다.

3. 미국과 영국의 도시계획 현황

1) 미국의 뉴 어버니즘

미국에서 뉴 어버니즘은 도시계획 운동으로 날로 인기가 높아지고 있다. 뉴 어버니즘은 새로운 전통주의적 개발을 통한 도시계획 운동으로, 급속한 도시화로 실종된 주민 간의 사회적 결합을 추구한다. 뉴 어버니즘의 미학적·철학적 원칙은 영국의 존 러스킨이 추구했던 빅토리아풍 건축물의 부활로까지 거슬러 올라간다. 한편 주정부 차원에서 추진하는 정책인 스마트 성장 또한 주목을 받고 있다. 이는 도시 중심부와 교외를 종합적으로 분석해서 도시를 효율적으로 관리하고 환경 부하를 최소화하는 정책으로, 연방환경보호국이 중심이 되어 '스마트 성장 네트워크Smart Growth Network'를 출범시킨 바 있다.

뉴 어버니즘이 지역적 맥락에서 작동하는 방식을 이해하기 위해서는 현대 미국의 대도시를 이해해야 한다. 지난 40여 년 동안 뉴 어버니즘 성장은 대부분 교외지로의 이동, 고속도로의 자동차 소통 능력 향상, 교외지 개발을 지원하는 연방정부의 재정지원 정책으로 이루어졌다. 교외 개발은 개발 방식의 전형에 따라 대도시권 지역에서 가장 멀리 떨어진 베드타운을 개척하는 것에서부터 시작되었는데, 오늘날에는 교외지에서 교외지로의 교통량이 40%로 교외지에서 도시로의 교통량 20%보다 많을 정도로 진척되었다(Garreau, 1992: 127~129). 조엘 개로Joel Garreau가 언급했듯이 신교외지new suburbia 또는 탈교외지exurbs는 점차 경제적으로 자립해 더 이상 전통도시의 일자리나 서비스를 의존하지 않는다. 이러한 미국 현대 대도시의 진화는 1950년대 이후 미국 교외지 개발을 특징짓는 형태 없는 대도시 난개발을 양산했다.

이러한 상황에서 출범한 것이 뉴 어버니즘이다. 뉴 어버니즘은 민간이 주도하는 도시개발 방식으로, 도시개발의 새로운 개념을 제시하고 있다. 뉴 어버니즘은 난개발을 원하지 않지만 그렇다고 조밀한 도시로 돌아가야 한다고 시사하지도 않는다. 자동차 친화적이기보다는 보행자 친화적인 도시로 만들기 위해 뉴 어버니즘 계획가들이 추구하는 방식은 다음과 같다. 주거지 블록을 다양화하고 복합적 토지이용을 허용한다. 주거 형태는 독신자 아파트에서부터 가족형 타운하우스에 이르기까지 다양화한다. 초등학교와 유아원은 도보거리 내에 두고, 어린이 놀이터는 주거지역 인근의 가까운 거리에 둔다. 차량속도를 줄이고, 도보 이용과 자전거 이용을 장려하기 위해 가로 폭을 좁게 한다. 포치Porch와 베란다는 주변 환경에 개방적이게 만들고, 근린 분위기를 살리는 건축스타일로 설계한다. 환경적 충격을 최소화시키기 위해 자연적 지형과 배수로는 가급적 보존한다. 기반시설과 서비스는 낭비를 최소화하고 에너지 효율을 극대화시키도록 설계한다. 각각의 지역사회는 계획의 초기 단계에서부터 자치적이어야 한다(Parker, 2004: 66). 뉴 어버니즘 주창자들이 제시한 도시설계 모델은 영국의 레이먼드 언원이나 미국의 프레더릭 로 올름스테드Frederick Law Olmstead 같은 전원도시 개척자들에게서 나왔다.

미국에서 뉴 어버니즘의 영향으로 세워진 도시는 플로리다의 셀리브레이션Celebration을 꼽을 수 있다. 셀리브레이션은 근린주구 공원, 주택 전면 포치, 보행자 친화적 설계를 갖춘 공동체로써 전통적인 근린주구 설계Traditional Neighborhood Design: TND의 모델이 되었다. 2001년을 기준으로 미국에서는 이러한 공동체가 380개 계획되어 건설되었다. 주택·도시개발국의 지원으로 뉴 어버니즘의 원칙에 입각해 공공주택이 건축되었는데, 대표적인 프로젝트로는 피츠버그의 크로퍼드 스퀘어Crawford Square, 볼티모어Baltimore의 플레전트 가든Pleasant Gardens, 루이빌의 파크 두 발레Park Du Valle, 그리고 사우스캐롤라이나South Carolina의 포트 로열 Port Royal 등이 있다.

2) 영국의 어번 빌리지

영국의 찰스 황태자는 근대건축과 모더니즘 도시계획관을 비판하면서 전통적인 근린주구를 조성할 것을 주장했다. 찰스 황태자는 1989년

『영국의 비전A Vision of Britain』이라는 책을 출판해 도시와 인간 거주지의 미래에 대한 전망을 제시했다. 그는 고전풍의 복고주의, 토착적인 건축 스타일과 건축 재료 사용을 강조하면서 근대건축국제회의의 가치와 디자인을 배척했다. 그리고 과거의 독선적인 공급자 위주의 주택 공급 방식에 대한 반성으로 주민의 요구를 반영하는 시스템을 도입할 것을 주장했다.

1998년 8월에는 전통적인 근린주구로 도싯Dorset시의 파운드베리 Poundbury[5] 마을을 개발할 것을 제안했다. 찰스 황태자는 파운드베리를 개발하면서 다음과 같은 사항을 요구했다. 즉, 임대와 매매에 유리하도록 주택을 설계하고, 지역주민에게 일자리를 제공하며, 지역 토착 스타일로 건축물 및 주택을 건설하고, 도시계획의 전통을 살리며, 도싯에 있는 기존 조경을 사용해 역사적 향기가 물씬 나는 타운을 건설하라고 주문했다. 또한 파운드베리의 밀도를 헥타르당 30호 정도로 할 것을 제안했는데, 이는 당시 런던시의 헥타르당 400~500호의 밀도와 비교할 때 월등하게 낮았다. 파운드베리는 조성되자마자 곧 분양되었고, 그 이후 주택가격도 상승해 상업적으로도 크게 성공했다.

한편 찰스는 황태자재단을 설립하고 '어번 빌리지 포럼urban village forum'을 개최했다. 그의 이념은 '도시 정책 가이드라인PPGs'에 반영되어

---

5   파운드베리는 영국의 도싯 내에 있는 도체스터(Dorchester) 지역 외곽에 위치한 실험적인 뉴타운이다. 상점, 업무, 개인주택과 공영주택이 통합된 공동체로 전통적인 고밀도의 도시 형태로 세워졌다. 파운드베리는 찰스 황태자가 제시한 원칙에 따라 조성되었으며, 오늘날의 뉴 어버니즘과 유사성을 보인다. 리언 크리어(Leon Krier)가 전체 계획을 맡았다. 개발은 25년 동안 4단계에 걸쳐 이루어졌으며, 총 2500세대 약 6000명의 인구를 수용하도록 계획되었다. 파운드베리는 뉴 어버니즘의 원칙에 따라 자가용 의존을 줄이고 걷기, 자전거 타기, 대중교통 이용 등을 장려하도록 계획되었다.

막강한 영향력을 행사하고 있다. 영국에서는 보수당 정권 시절에는 '도시 챌린지city challenge', 블레어 정권 시절에는 '도시 르네상스urban renaissance' 라는 명칭으로 정부 차원에서 도시재생 사업을 지원했다. 이러한 정책의 추진으로 영국은 녹지대 개발은 억제하면서 도심부 재생에 중점을 둔, 넓은 의미에서의 콤팩트 시티를 지향하고 있다.

제5장

한국 도시계획의 전망

1. 포스트모던을 지향하는 서울

1) DDP가 서울에 미친 영향

≪뉴욕타임스≫는 2015년 세계에서 방문할 만한 장소 52곳 중 하나로 동대문디자인프라자Dongdaemun Design Plaza: DDP를 선정했다. 서울에 소재한 건축물이 글로벌 도시의 유명 방문지 가운데 하나로 뽑힌 경우는 흔치 않다. 뉴욕, 런던, 두바이 등 글로벌 도시 중심부에는 초고층 건물이 사각형이 아니라 첨탑, 삼각형, 다층의 지붕 모양으로 세워져 있으며 건물의 외벽에는 커다란 장식이나 상징적 장치를 설치하고 있다. 이처럼 단순한 사각형이던 건물을 재형상화해 해체주의적인 형태로 건물이 들어서기 시작한 지는 오래되었다.

DDP는 세계적인 명성을 지닌 건축가 자하 하디드Zaha Hadid가 설계한 세계 최대 규모의 비정형 건축물이다. 동대문 지역 중심에 위치한 DDP는 디자인 관련 쇼와 컨퍼런스, 전시, 이벤트와 모임을 위한 핵심 장소로 기능하며, 한국 디자인 산업의 가장 새롭고 상징적인 랜드마크가 되었다. 동대문 봉제산업을 기반으로 하는 주변 의류산업 지구의 풍경은 다소 메마르고 팍팍했으나 DDP로 인해 이국적이고 세련되며 초현실적인 느낌을 자극하는 공간이 조성되었다.

자하 하디드를 렘 콜하스Rem Koolhaas, 렌조 피아노Renzo Piano, 노먼 포

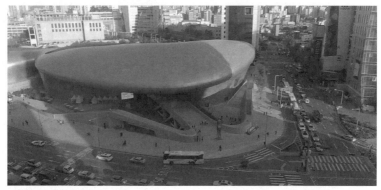

▮ 자하 하디드가 설계한 DDP 전경
자료: 필자 제공

스터Norman Foster 등과 함께 20세기 후반 최고의 건축가 중 한 사람으로 꼽는 데 이견을 달 사람은 없을 것이다. 하지만 자하 하디드가 설계한 DDP가 서울의 어버니즘에 어떤 영향을 미칠 것인지에 대해서는 논의 된 바가 거의 없다. DDP는 서울이 관성적으로 진행해 온 모더니즘 스타일의 도시 이미지에서 탈피해 포스트모던 도시로 변모해 가는 촉매제로 작용할 것인가? 아니면 우주선이 착륙한 것 같은 특이한 외관을 가진 이벤트성 건축물이라는 의미에 그칠 것인가?

DDP는 한국에서 인스타그램에 가장 많이 태그되고 페이스북 사용자들이 선호하는 상위 5위의 장소 가운데 하나이며, SBS 드라마 〈별에서 온 그대〉 같은 드라마의 촬영 장소로도 종종 이용되고 있다. DDP가 이처럼 인기를 끄는 이유는 건축물 형태의 특이성 및 주변 도시 공간과는 확연히 다른 체험을 선사하는 공간적 환상성에서 찾을 수 있다. 우리가 봐오던 사각형 형태의 건축물과는 다른 비정형의 건축물이 서울의 한복판이자 가장 분주한 거리 중 하나인 동대문에 자리 잡아 시민들의

ⅠDDP 맞은편에 있는 밀리오레의 가로 풍경. 젊은이들과 쇼핑객들로 북적이는 곳이다.
자료: 필자 제공

시선을 잡아끌기 때문이다.

DDP는 2009년 건설이 시작되어 2014년 3월 21일에 준공되었다. 교통 네트워크로는 동대문 역사문화공원역에 지하철 2, 4, 5호선과 연결되어 서울의 동서남북 어디서든지 대중교통망으로 접근할 수 있다.

동대문역사문화공원은 다운타운 서울에서 가장 최근에 조성된 공원이지만 기존의 공원과는 확연하게 개념이 구분되는 공간이다. 공원은 이음매 없이 DDP 지붕 위로 확장되어 자연적인 지형을 오르내리듯 사람이 지붕 위로 걸어 다닐 수 있도록 설계되었다. DDP는 힘이 넘치면서도 정교한 곡선 형태를 갖추어 도시개발의 중요한 랜드마크로 자리 잡았으며, 신미래주의적 스타일의 디자인으로 주변의 무질서하고 혼잡스러운 도시 형태에서 새로운 질서를 드러내는 동시에 미학적 세련미로 지구의 중심성을 차지하는 건물이다.

한국 최대의 패션지구이자 역사지구인 곳에서 문화적 허브로 설계

| DDP의 메인 건물 하단에 있는 구조물. 기하학적인 형상이 인상적이다.
자료: 필자 제공

된 DDP는 액체의 흐름을 모방해 공간 속의 유연성을 허용하는 파도 모양으로 구성되었다. 대규모 공간을 창출할 수 있었던 중요한 구조기술적 특징으로는 건물정보 모델링, 초거대 지붕망, 공간 프레임 시스템 등의 첨단 기술을 들 수 있다. 하디드에 따르면, 디자인의 근본적인 형태는 "투명성, 공소성, 내구성"인데 이를 위해 생태학적 구현기술, 노출 이중 표면, 솔라 패널, 리사이클링 워터 시스템 기술이 적용되었다. DDP의 외부는 부드럽고 거대한 버섯이 지상 위에 떠 있는 것처럼 디자인되어 환상적인 분위기를 자아내는데, 이 외장은 콘크리트, 알루미늄, 돌로 만들어졌다. 건물의 내부는 종합 화이버, 음향 타일, 아크릴 레진, 스테인리스 스틸로, 실내는 광택 나는 석재로 마감되었다. 또한 음향을 흡입하는 최첨단 기술로 정숙하고 품위 있는 분위기를 조성하고 있다.

공원 부지는 조선시대에 군사훈련장으로 사용된 적이 있으며, 일제시대에는 1925년 일왕의 결혼을 축하하기 위해 체육 스타디움이 세워져 2007년 철거될 때까지 다양한 국가적 스포츠와 축하 이벤트가 이곳에서 열렸다. 모더니즘 건축물을 상징하던 동대문 스타디움은 자하 하

| 건물 사이를 연결하는 DDP 단지 내 보행자 회랑
자료: 필자 제공

디드의 DDP 및 주변을 둘러싼 패션디자인 지구와 앙상블을 이루면서
주변의 동대문지구와 차별되는 전혀 새로운 풍경과 체험을 선사하는 포
스트모더니즘 공간으로 변모했다.

2) DDP와 서울의 포스트모더니즘

모더니즘은 19세기 말부터 20세기까지 서구 사회에서 광범위한 영
역에서 진행된 모더니스트 운동이다. 모더니즘은 전통적인 형태의 예
술, 건축, 종교, 사회조직이 점차 시대에 낙후되었다고 여기며 이를 극
복하기 위해 일어난 운동이었다. 모더니즘은 계몽주의 사상을 배척했으
며, 전지전능한 창조주 신의 존재도 배척했다. 또한 20세기 전환기에 빠
르게 변하는 기술 주도를 극복하려는 노력의 일환이자 문화적·심리적
으로는 제1차 세계대전에서 입은 정신적 상처를 극복하기 위한 예술가
들의 노력의 산물이기도 했다. 모더니즘은 의도적으로 전통과 단절하고

I 기능적으로 용도가 구분되는 모더니즘 도시의 전경
자료: 필자 제공

자 했다. 기성의 종교적·정치적·사회적 관점에 강하게 대항하며 대량
생산체제와 규모의 경제에 기반을 둔 모더니즘은 리얼리즘에 구현된 보
수적인 가치에 대한 반발이기도 했다.

자본주의 산업화가 19세기 도시를 변형시켰을 때 사람들은 기술, 민
주주의, 건축, 소비주의, 도시생활의 접합체인 모더니즘을 말하기 시작
했다. 모더니즘은 양차 세계대전 기간에 건축가와 계획가들이 주도한
운동을 통해 그 유효성이 시험대에 올랐다. 르코르뷔지에가 주도한 근
대건축국제회의는 대표적인 모더니즘 운동이었다. 모더니즘의 정신을
구현한 어버니즘은 도시를 기능적으로 나누는 용도지역제와 교통 회랑
을 강조했으며, 공원 속의 타워처럼 공지로 둘러싸인 초고층 건물을 선
호하는 도시계획 원칙을 새로운 토지이용 원리로 제시했다.

도시구조 차원에서 보면, 모더니즘은 도시구조를 동질적인 구획단

위로 묶어 기능적인 공간을 구성하는 과정에서 용도지역제를 적용한다. 도시 중심에는 위계가 높아 강한 지배력을 갖는 상업중심지가 배치되며, 중심으로부터 거리가 멀어짐에 따라 지가가 점진적으로 하락하는 공간구조를 특징으로 한다. 모더니즘 도시계획은 전체적으로 질서 있는 계획된 도시를 추구하며, 공간은 사회적 목적에 기여하도록 만든다.

포스트모더니즘은 20세기 후반과 21세기 초에 법, 문화, 종교뿐만 아니라 문학, 드라마, 건축, 영화, 저널리즘, 디자인을 새롭게 설명하는 데에도 사용되고 있다. 실제로 포스트모더니즘은 인문학에서는 모더니즘에 대한 반발로 이해되고 있다. 포스트모더니즘은 종종 차이, 다원성, 텍스트성, 회의주의와 관련되어 있다.

건축과 도시계획에서는 찰스 젱크스가 1970년대에 현대건축을 비평하면서 포스트모더니즘 시대가 막을 열었다. 포스트모더니즘은 모더니즘의 기하학적이고 사각형인 날카로운 모서리에 붙이는 부착물을 폐기하고 그 부착물을 외벽의 장식에 사용하며 물 흐르는 듯한 디자인으로 대체했다. 포스트모더니즘 스타일의 건축은 장난기 있고 아이러니하며 과거의 역사와 유산을 이용하는 절충적 콜라주를 즐겨 사용한다. 그리고 대중적이기보다는 전문적 취향인 소비자를 타깃으로 틈새시장을 겨냥해 생산되고 있다.

미국을 비롯한 서구 각국의 도시 지역이 포스트모더니즘으로 분류되는 이유는 도시구조가 다소 혼란스럽지만 다결절구조를 특징으로 하며, 도시 가로의 경관이 서사적인 이미지를 조성하기 때문이다. 또한 하이테크 기술을 이용한 회랑을 즐겨 사용하는 포스트모더니즘 도시계획은 사회적 목적보다 미학적 가치를 위해 디자인된 공간적 분절을 선호

▎모더니즘 건축물의 날카로운 모서리와 밋밋한 외벽
자료: 필자 제공

▎포스트모더니즘 건축물의 화려하면서도 변화무쌍한 형태와 외벽
자료: https://www.flickr.com/search/?text=postmodern%20building

하며, 후기 교외지 개발을 활발하게 추진하고 있다.

또한 포스트모더니즘 산업은 서비스 부문에 기반을 두고 있고, 틈새시장을 노린 유연한 생산을 추구하며, 범역의 경제와 글로벌화를 추구하고, 텔레커뮤니케이션 발전을 기반으로 하며, 소비지향적이다. 유럽 같은 도시에서는 인종적 다양성을 담는 혼합적 기능분류가 인종적으로 동질화된 단조로운 기능을 다시 대체하고 있는데 이 또한 포스트모더니즘 도시의 특징이다.

잘 지은 건축물은 도시를 변화시킨다. 새롭게 세워진 건물들은 새로운 거리풍경과 환경을 만들어낸다. 새 건물을 짓는 데만 열중할 것이 아니라 도시의 변화라는 특성을 살리고 그런 변화에 어떻게 대응해야 하는지를 설계에 반영해야 한다. DDP는 독창적인 포스트모더니즘 스타일의 건축물임에도 한편으로는 동대문구장에 대한 추억을 갖고 있는 세대로부터 낭만적인 장소성을 복원하는 데 실패했다는 비판을 받고 있으며, 다른 한편으로는 단지 기형적인 형상 때문에 눈길을 끄는 일회성 메가 건축물이 아닌가 하는 우려를 자아내고 있다. 하지만 동대문패션지구는 DDP가 세워진 이후 1일 이용객이 150만 명에 이르고, 연중 외국인 관광객 1000만 명이 방문하는 서울의 '핫'한 장소로 변모했다.

서울은 더 이상 단일 중심의 모더니즘 도시구조가 아니다. 1970년대 이후 과도한 집중이 이루어지고 있고, 도심 정비 사업을 통해 고층의 오피스 건물이 들어섰으며, 강남에서도 대단위 아파트 단지가 개발되었다. 청량리, 미아리, 영등포, 천호, 영동 등의 부도심이 형성되었고, 부천, 의정부, 성남, 고양, 반월, 안양, 광명 등이 서울의 위성도시로 자리 잡았다. 서울은 주민의 삶의 질 향상, 권역 간 격차 완화, 서울 대도시권

▌ 다층화·분절화된 공간구조를 지닌 서울시 전경
자료: 필자 제공

으로의 광역화, 대도시권 간 경쟁 완화 등 복잡한 과제를 안고 있는 인구 1000만 명에 이르는 글로벌 도시이다. '서울 2030 도시계획'에 따르면 서울은 3도심 7광역중심 12지역중심의 이미 다층화·분절화된 도시공간 구조로, 포스트모더니즘 어버니즘의 양상을 띠고 있다. 자하 하디드의 DDP가 아니었다면 그곳에 20~30층의 평범한 철근 콘크리트 건축물이 들어서서 동대문패션지구는 더욱 답답하고 매력 없는 지역으로 전락했을 것이다. 이런 도시구조의 맥락에서 DDP가 연출하는 환상성은 21세기 서울이 보다 포스트모더니즘적인 도시로 변모하는 촉매제로 작용할 것이다.

21세기 서울을 전 세계 도시에 비유하자면 한강변은 캐나다 밴쿠버 수변의 레크리에이션 부지를, 강남은 뉴욕 맨해튼을 롤 모델로 삼아야 하고, 강북 도심은 런던의 오래된 리젠시 지구처럼 역사를 보존하고 다양한 문화를 수용하는 곳이 되어야 한다. 또한 공간적 분절성과 스펙터클한 가로 이미지를 지니고 보행자를 위한 수준 높은 공공공간을 갖춘 도시가 되어야 한다. 이 과정에서 자하 하디드의 DDP는 포스트모던 서울을 만드는 영감의 원천으로 지속적으로 작용할 것이다.

2. 국토 균형발전과 메갈로폴리스 전략

노무현 참여정부 때 시작한 혁신도시 정책은 문재인 정부에서 시즌2를 맞고 있다. 문재인 정부는 2022년까지 175조원을 투입해 균형 잡힌 대한민국을 만들겠다고 한다. 혁신도시 정책 시즌2는 수도권 대 지방의 대립구도를 완화하고 국토의 균형발전을 성공적으로 이룰 수 있을까?

혁신도시는 박정희 정권하의 국토종합개발계획 수립 때부터 근 50년 동안 추진되어 온 정책으로, 성장거점 패러다임의 연장선상에 있는 정책이다. 그러나 인구는 지속적으로 서울로 모여들어 지방 도시는 쇠락해 가고 있으며 서울 대 지방의 격차는 더해지고 있다. 혁신도시 정책 시즌2로는 서울과 지방의 동반성장이 요원해 보인다. 이제는 혁신도시 정책이라는 강박관념에서 벗어나 4차 산업혁명 시대의 정보통신기술의 발전을 수용해 균형 있고 생산성 높은 국토공간구조 전략으로 접근해야 한다.

자본주의는 공간 팽창과 집약적 이용을 통해 발전해 왔다. 미국과 유럽에서 나타난 교외지 개발 및 대도시권 지역의 성장이 이를 입증한다. 메가mega 지역은 다수의 거대도시와 주변 교외지를 경제 단위로 해서 집약적·팽창적으로 공간을 이용한다. 이러한 지역들은 위성에서 찍은 영상사진의 불빛을 보면 확인할 수 있다. 전 세계적으로 40여 개인 거대 메가 지역의 인구는 전 세계 인구의 18%에 불과하지만 전 지구 경제 활동의 2/3, 기술혁신의 85%를 담당하고 있다.

교통기술을 비롯한 하부구조 기술의 발전, 자율주행 자동차의 등장은 경제지리의 범위를 더욱 팽창시키고 있으며 경제지리의 집약적 이용을 가능케 하고 있다. 서울-부산 간 소요시간도 기존 4시간에서 KTX의 도입으로 1시간 50분대로 단축되었다. 자율자동차의 평균 주행속도는 시간당 180km로 예상하고 있는데, 이 정도 속도면 서울-세종, 서울-평창 정도의 거리는 통근권에 속하므로 슈퍼 커뮤트super commute(초장거리 통근자)의 시대가 눈앞으로 다가왔다고 할 수 있다. 국토 공간이 응축됨에 따라 하이퍼 스프롤hyper sprawl(도시가 무질서하게 외곽으로 확산되는 현상)이 일어나고 있으며, 기존 대도시를 중심으로 경제지리는 팽창되어 국토 공간 전체가 거대 대도시권화하고 있다.

미국을 비롯한 구미 선진국은 21세기 국가성장전략의 하나로 메가 지역 전략을 채택하고 있다. 메가 지역은 여러 개의 대도시권을 포괄하는 특징을 보인다. 미국 동부 연안의 보스워시Boswash(보스턴-워싱턴) 메갈로폴리스megalopolis(거대도시)가 그 좋은 예이다. 그리스 지리학자 장 고트만Jean Gottmann이 최초로 확인한 보스워시 지역은 동부 연안을 따라 보스턴에서 뉴욕, 필라델피아, 볼티모어, 워싱턴DC로 이어지는 거대도시군으로, 인구 5000만 명 이상이 살고 있으며 2.2조 달러 이상의 GDP를 생산하고 있다. 이 지역에서 산출되는 생산량은 영국, 프랑스를 능가하며, 인도, 캐나다보다는 두 배나 많다.

보스워시 메갈로폴리스를 한국의 서울 - 부산 간 거리와 비교하면, 보스턴과 뉴욕 간 거리는 364km로 대중교통으로는 4시간 정도 걸린다. 계획 중인 고속기차가 운행되면 1시간 30분 정도 소요될 예정이다. 서울 - 부산 간 거리는 430km이고, KTX 운행으로 1시간 50분 정도 소요된다. 서울 - 부산 간의 교통거리는 보스워시 메갈로폴리스 중 보스턴 - 뉴욕 구간의 소요시간과 비슷하다. 인구 규모를 비교하면 한국의 인구는 2016년 기준 5100만 명으로 보스워시 메갈로폴리스의 총인구 5200만 명과 비슷하며, GDP는 1.4조 달러로 보스워시의 60% 정도에 달한다.

20세기에 만들어진 오래된 패러다임을 기반으로 하는 혁신도시 정책을 폐기해야 하는 것 아닌지 조심스럽게 검토할 필요가 있다. 이제 국토성장 패러다임을 21세기 인공지능 시대에 걸맞은 메갈로폴리스 전략으로 전환해야 한다. 수도권 - 호남권 - 부산 대도시권을 주축으로 하고 혁신도시가 연계되는 메갈로폴리스 전략으로 21세기 국토공간을 재편해야 한다. 수도권 대 지방의 대립은 20세기의 잔재이며, 21세기의 화두는 메갈로폴리스 네트워크상에 있는지 여부이다.

3. 자율주행 자동차 시대의 도시계획

1) 자율주행 자동차 현황

우리나라에서는 2016년도 한 해에만 22만여 건의 차량 충돌이 발생했고 차량 충돌 사고로 4300여 명이 목숨을 잃었다. 차량 충돌 사고의 증가를 막고 사고로 인한 인명피해를 줄일 수 있는 방법은 없을까? 미래 도시 교통 연구자들은 자율주행 차량의 등장으로 차량 충돌 사고가 획기적으로 줄어들 것으로 전망하고 있다.

자율주행 자동차Autonomous Vehicle: AV 기술은 인공지능의 발전에 힘입어 빠르게 발전하고 있다. 인공지능의 발전은 자동차에 운전자가 없더라도 부드럽고 정교하게 차량이 주행될 수 있도록 해준다. 미국이나 싱가포르에서는 운전자 없는 차량이 벌써 거리를 달리고 있다. 구글의 자율주행 차량인 웨이모waymo는 미국 애리조나Arizona주 피닉스Phoenix시에 600대의 자율주행 밴을 운영하고 있다. 신기술과 새로운 비즈니스의 융합은 자율주행 차량의 실용화를 앞당기고 있다. 2019년 한국정부는 1조 7000억 원(세종시 7000억 원, 부산시 1조 원) 이상의 자금을 투입해 세종시 5-1지역과 부산 에코델타 시티에 스마트 시티 시범도시를 2021년까지 만든다고 발표했다.

운전자 없는 자동차를 필두로 하는 새로운 교통기술의 출현은 20세기적 도시 문제를 해결할 뿐만 아니라 21세기적 스마트 시티의 패러다임도 선보이고 있다. 인공지능, 정보처리기술의 발전, 새로운 교통기술의 출현은 21세기를 살아가는 인류에게 유토피아를 선사할까, 아니면 디스토피아를 가져다줄까? 또한 교통 전문가와 도시계획가들은 스마트 시티를 실현하기 위한 준비를 어떻게 하고 있을까?

우버, 리프트, 카카오택시 같은 공유 차량의 출현은 이미 도시 내 주차장 면적이 차지하는 비율을 감소시키고 있다. 교통 전문가들은 21세기 스마트 시티에서는 현재 주차 면적의 10~15% 정도면 주차 수요를 충분히 감당할 것으로 예측하고 있다. 리프트와 우버가 주행하는 미국의 일부 도시에서는 주차장 면적이 이미 감소하고 있다. 주차장 용지의 축소는 도시 내 주차장 부지를 전용하는 대대적인 재개발을 초래할 것이다.

자율주행 차량은 시간당 120마일의 속도로 주행하므로 사람들을 도심에서 현재보다 더 빠르게 더 멀리 장거리 통근할 수 있게 될 것이다. 대도시권으로의 통근 거리는 더욱 확장됨에 따라 토지 공급이 증가해 지가가 하락될 것이다. 궁극적으로 20세기 도시의 악몽이던 도시 난개발 현상은 종말을 고할 것으로 예상된다. 자연환경이 뛰어난 강원도 평창의 전원 주거지에서 매일 서울로 출근하거나 서울에서 세종시로 통근하는 초원거리 통근자를 볼 날도 멀지 않았다. 더 나아가 보다 많은 사람들이 자율주행 차량을 타고 부산, 대구, 광주, 목포 등 원거리에서 통근하는 하이퍼 스프롤 현상도 나타날 것이다.

자율주행 자동차의 등장은 도시 내 물리적 구조의 변화를 가져올 것이다. 예를 들면 자율주행 차량이 러시아워 시간대에 건물 커브 사이드에 접근하기 위해서는 자전거 또는 노선버스 차선과 경쟁해야 하므로 자율주행 차량이 짧게 주정차할 수 있는 공간을 확보하기 위해서는 블록의 디자인을 바꾸어야 할 것이다. 이처럼 운전자 없이 달리는 자동차의 출현은 작게는 도시 내 블록 규모와 도시구조를 변화시킬 것이며, 광역 차원에서는 인프라 구조를 변화시킬 것이다.

자율주행 차량의 선발대인 공유 차량이 가져온 충격은 도시의 물리적 구조에만 한정되지 않고 이미 경제 전반에 영향을 미치고 있다. 공유 차량의 등장은 운수 관련 산업의 기존 종사자들을 레드오션으로 몰아넣는 충격을 주고 있다. 운전사들의 일자리가 사라지는 대재앙이 발생하고 있는 것이다. 우리나라에서도 2018년 말부터 카카오 모빌리티의 카풀 서비스 개시에 반대하며 택시기사 두 명이 목숨을 끊고 한 명이 자살을 기도하는 사건이 있었다. 자율주행 차량의 등장은 승용차, 트럭, 버스 등에 종사하는 운전자들의 일자리를 소멸시키기 때문에 정부는 운전사들을 신속하게 다른 산업 부문으로 재배치해야 하는 압력을 받을 수밖에 없다. 자율주행 차량으로 인해 일자리를 잃게 된 운전사들은 자율주행 차량의 운행을 반대하는 시위를 할 것이고 이는 정권을 위태롭게 하는 정치적 쟁점이 될 것이다.

운전자 없이 주행하는 차량은 20세기의 고질적인 도시 문제였던 교통체증, 주차장 부족, 차량 정체 스트레스로 인한 난폭 운전 등의 문제를 해결하고, 교통체증 없이 먼 장거리까지 안락하게 이동할 수 있게 해줄 것이다. 21세기형 스마트 도시의 청사진이 마치 유토피아처럼 그려지고 있지만, 운전자 없는 차량의 등장은 도시계획 패러다임의 변화를 요구하고 있다. 즉, 전통적인 용도지역제에 따른 도시 내 토지의 기능분리는 무력화되고 혼합용도의 토지이용이 대세로 떠오를 것이며, 직주 근접의 원리처럼 20세기에 창안된 도시계획 기술은 의미가 없어질 것이다.

운전자 없는 자동차 시대의 도래는 건물이 들어서는 도시 상부구조와 통신선로 등 광케이블이 매장된 도시 인프라 구조를 통합해야 할 필요성을 제기하고 있다. 도시계획은 토지이용과 교통을 통합하면서 21세기의 새로운 도시 형태를 제시할 책임이 있다. 110년 전 미국에서 '포드 모델 T' 자동차가 처음 거리에 등장해 깜빡이와 차선이 없는 상태에서 운행할 당시 시민들이 받았던 혼란과 충격을 반복해서는 안 된다.

그렇다면 자율주행 자동차 시대의 도래에 대비해 교통 전문가, 건축가, 도시계획가들은 과연 어떤 준비를 하고 있을까? 자율주행 자동차 시대에 걸맞은 새로운 도시 형태를 실현하는 것은 공학기술만의 과제가 아니다. 오히려 정치 영역의 문제라고 할 수 있다.

2) 자율주행 자동차를 반영한 도시계획

2019년 11월 7일 정의선 현대차그룹 수석부회장은 미국 샌프란시스코까지 건너가 미래 모빌리티를 개발하는 현대차그룹의 철학은 '인간 중심'이라고 선언했다. 정 부회장이 생각하는 새로운 가치를 창출하는 인간 중심의 미래 도시의 핵심은 무엇일까?

인간 중심의 새로운 가치를 창출하는 미래 도시의 중심에 자율주행 자동차가 있다는 사실은 누구도 부인하지 못할 것이다. 자율주행 자동차는 향후 수십 년 내에 도시를 변형시킬 가장 강력한 미래의 기술이다. 도시계획가와 교통전문가는 도시에 미칠 자율주행 자동차의 충격에 대비해 매력적이고 인간 친화적이며 안전한 도시환경을 보증하는 정책 개발을 지원해야 한다.

자율주행 자동차는 공상과학 소설에서 빠지지 않는 소재이다. 이미 개발된 첨단 운전자 지원 시스템Advanced Driver Assistance Systems: ADAS은 상세하게 운전 기능을 통제할 뿐만 아니라 안전도도 향상시키고 있다. 완전한 자율주행 자동차는 인간이 운전석에 앉지 않더라도 주행하는 자동차를 말한다. 연결 차량 기술Connected Vehicle Technologies의 발전으로 완전한 자율주행 자동차는 주변 환경과 서로 통신하고 조정함으로써 여행의 안전과 효율성을 보다 향상시키고 있다. 더욱이 전기차량과 교통관리체계의 진전은 자율주행 자동차의 출현을 완성하고 편익을 극대화시킬 전망이다. 공유경제와 리프트, 우버, 타다 같은 공유 탑승 서비스의 성장과 자율주행 자동차의 기술적 발전은 이동성 패러다임을 개인 소유 자동차에서 공유 차량으로 바꾸고 있다.

자동차 제조회사들은 자율주행 자동차가 2020년대 초에는 판매되어 도로 위를 달릴 것이라고 예상하고 있다. 자율주행 자동차의 참신함과 편리함 때문에 소비자들은 자율주행 자동차를 급속도로 선택할 것이며, 15년 내에 도로 위 차량 중 최소 1/4이 자율주행 자동차로 대체될 것으로 예상하고 있다. 그러나 차량 가격, 규제 장치의 지연, 불확실한 주변 보험, 법적 책임, 테스트, 비준 절차, 사이버 시큐리티 등의 복병은 자율주행 자동차의 시장 활용성을 지연시킬 수 있다. 이제 이런 기술들이 도시의 적주성, 효과적인 교통체계, 생동감 있는 공공공간에 기여할 수 있는지 여부를 심각하게 고려해야 한다.

교통기술의 진전에 힘입은 자율주행 자동차는 도시계획가에게 분명 기회와 도전을 안겨주는 양날의 칼이다. 자율주행 자동차가 모든 도시 문제를 해결할 수는 없지만, 자율주행 자동차 기술이 가져올 혁명적 기회를 과소평가해서는 안 된다.

(1) 자율주행 자동차로 인한 기회 요소

자율주행 자동차가 가져올 기회로는 다음 네 가지를 들 수 있다.

첫째, 교통안전성이 향상될 것이다. 2015년 미국에서는 630만여 건의 자동차 사고가 발생했다. 이 충돌 사고 중 94%는 인간의 실수에 의한 것으로 밝혀졌다. 이들 차량 사고는 의료비용과 교통체증을 유발했고 자산과 생산성에 손실을 입혀 2000억 달러 이상의 비용이 소요되었다. 교통사고의 90% 이상은 인간의 실수에서 비롯되기 때문에 운전석에서 운전자를 없애는 것만으로도 교통안전을 크게 향상시킬 수 있다. 자율주행 자동차가 교통사고를 완전히 막지는 못하겠지만, 졸음운전, 주의산만, 음주 상태처럼 인간이 운전할 때 발생하는 에러를 제거하거나 줄이는 조치만으로도 교통사고와 교통 관련 치사율이 의미 있게 감소될 것이다. 2009~2017년 기간 중 구글의 자율주행 자동차는 도로에서 350만 마일 이상을 주행했는데, 단지 1건의 사고만 기록했다. 인간이 동일하게 350만 마일을 운전한 경우에는 24건의 교통사고가 발생했다. 이러한 테스트 결과는 자율주행 자동차가 안전성을 획기적으로 향상시키리라는 것을 보여주는 증거이다.

둘째, 교통의 효율성을 증대시킬 것이다. 자율주행 자동차가 확산되면 자동차 사고가 감소되고 더불어 교통체계의 효율성이 향상될 것이다. 자율주행 자동차는 인간 운전자보다 반응하는 데 걸리는 시간이 짧기 때문에 인간이 운전하는 차량보다 더 가깝게 근접해서 주행할 수 있으며, 그에 따라 차량 처리량도 증가한다. 모델링 결과에 따르면 완전한 자율주행 자동차의 경우 차량 처리량이 두 배 이상 늘어날 것으로 예측된다. 또한 공유 탑승도 차량 수를 줄이고 차량 처리량을 늘리는 데 한몫할 것이다.

셋째, 차량에서 배출되는 매연가스가 감소할 것이다. 자율주행 자동차는 이동 행태와 교통 효율성뿐 아니라 환경 지속가능성과 공중보건 위생에도 중요한 영향을 미칠 것이다. 자율주행 자동차로 인해 교통 효율성이 향상되면 차량 매연가스 배출이 감소하고 교통망의 지속가능성이 향상되어 교통비용이 낮아질 것으로 예상된다. 2015년 미국에서 배출된 CO_2의 27%는 자동차가 원인이었는데, 그 양은 65억 8700만 톤에 이른다. 자동차 매연가스 배출로 인한 공기오염은 호흡기질환, 심장질환, 암, 조기사망의 원인이 되고 있다. 미국연방보건국FHA은 공기오염으로 발생하는 건강비용이 일 년에 500억 달러에서 800억 달러에 달한다고 보고하고 있다. 자동차 제조업체들은 시간이 걸리겠지만 모든 자동차가 전기자동차로 대체될 것이라 전망하고 있으며, 전기 자율주행 자동차로 완전히 대체되면 차량 매연가스 배출이 90%가량 감소될 것으로 예상하고 있다.

넷째, 노인이나 장애인 같은 교통약자를 위한 기동성이 향상될 것이다. 자율주행 자동차 기술은 노인이나 장애인 같은 교통약자 인구집단에게 기동성과 독립성을 부여할 것이다. 또한 대중교통 수단을 제공하기 어려운 교외지나 산골벽지, 농촌 지역에 거주하는 노령 주민들이 생활의 질을 유지할 수 있도록 도와줄 것이다.

(2) 자율주행 자동차로 인한 도전 요소

한편 자율주행 자동차가 가져다줄 편익을 위협하는 도전으로는 다음 네 가지를 들 수 있다.

첫째, 자율주행 자동차는 도시의 외연적 개발을 강화시킬 수 있다. 20세기 초 자동차가 소개된 이후 개인 자가용이 증가하자 도심이나 고용 중심지로부터 멀리 떨어져서도 거주가 가능해졌다. 미국의 경우 자동차로 인해 이루어진 교외지 개발과 에지시티Edge City는 오늘날 지배적인 도시 형태가 되었다. 한국의 경우에도 급격한 대도시로의 집중과 자동차의 신속한 보급으로 1980년대에 서울 주변의 위성도시가 성장하고 1990년대와 2000년대를 거치면서 1차, 2차 신도시가 건설되었는데, 이로 인해 외연적 도시가 개발되었다.

자율주행 자동차의 편리함과 비용으로 인한 충격은 불가피하게 거주자와 비즈니스의 입지에도 영향을 미칠 것이다. 그러나 자율주행 자동차가 도시 난개발의 또 다른 파도를 일으킬지, 아니면 도시 중심의 재도시화를 촉발할지는 아직 판단하기 이르다. 하지만 대부분의 연구자는 자율주행 자동차가 사람들을 도시 중심에서 보다 멀리 이동시키기 때문에 스프롤을 유발할 잠재력을 갖고 있다고 주장한다. 자율주행 자동차는 교통비용을 절감시키기 때문에 스프롤을 장려해 사람들을 중심 도시으로부터 더욱 먼 곳에서도 살 수 있게 할 것이고, 거의 두 시간 정도의 거리까지 외연을 확산하는 도시개발을 가져올 것이라고 전망한다.

그러나 이에 대한 반론도 만만치 않다. 자율주행 자동차 기술은 더욱 콤팩트한 개발을 장려하는 기회를 제공할 것이라는 주장이다. 최근 젊은 세대의 도시화 선호 경향과 낮은 차량 소유율을 통해 추측할 수 있듯이 공유 자율주행 자동차 시스템이 등장하면 사람들은 보다 걷기 좋은 도시 중심으로 이동해 들어올 것으로 예상된다.

그러나 외연적 도시개발과 콤팩트 개발 가운데 한 가지 형태로만 개발이 이루어질 것 같지는 않다. 자율주행 자동차가 상용화되면 어떤 사람은 도시 핵심지역을 매력적으로 느끼겠지만, 다른 사람은 탈도시화와 농촌 지역으로의 이주를 더욱 매력적으로 느낄 수도 있다. 궁극적으로 도시계획가는 두 가지 시나리오가 모두 발생할 때를 대비해야 한다. 하지만 자율주행 자동차가 교외지로의 외연적 확산을 증폭시키고 강화시킬 수 있는 잠재력을 지니고 있다는 것은 도시계획가에게는 실제적인 위협요인일 것이다.

둘째, 자동차 주행거리Vehicle Miles Traveled: VMT와 차량 배출가스가 증가할 가능성이 있다. 자율주행 자동차는 교통 효율성과 처리량을 증대시키겠지만 이로 인해 차량 주행거리가 증가되어 차량 체증과 배기가스 배출 또한 계속 상승할 것이다. 자율주행 자동차로 인해 교통비용이 저렴해지고 외연적으로 도시개발이 이루어지면 여행수요에도 영향을 미쳐 사람과 일자리가 도시 중심에서 멀리 이동해 나갈 것이고, 이로 인해 교통체증과 탄소가스 배출도 증대할 것이다.

지난 수십 년간 도시계획 역사에서는 도로 처리 용량이 증가한 것이 오히려 잠재적인 수요를 자극해 교통 발생이 늘어났고 이로 인해 교통체증을 완화하는 데 실패했다고 가르쳤다. 그러므로 교통 하부구조의 처리량이 증가하더라도 차량 주행거리와 잠재적인 교통 수요가 증가하면 교통체증이 감소하지 못할 것이며 오히려 교통체증이 더욱 악화될 것이라는 우려의 목소리도 높다.

자율주행 자동차가 도시계획가들이 수십 년 동안 고민해 온 많은 도시 문제를 일거에 해결할지 악화시킬지에 대한 전망은 엇갈리고 있다. 하지만 양극단의 전망이 자율주행 자동차가 미래에 미칠 잠재력에 기반하고 있다 하더라도 교통기술 자체만으로는 이러한 시나리오 중 어느 것도 일어나지 않는다는 것을 기억해야 한다. 오늘날 우리 도시를 지배하는 자동차 지향적인 교외지 개발은 단순히 자동차 기술이 발전한다고 해서 이루어지지는 않았다. 오히려 이러한 교외지 개발은 인프라 시설

건설에 대한 투자, 고속경제 성장, 성장관리의 결여에 힘입은 바가 크다. 자율주행 자동차가 가져올 미래 도시사회의 변화 또한 단순히 혁신적 교통기술에 의해서만 이루어지지는 않을 것이다. 오히려 도시계획가와 교통전문가, 그리고 중앙정부와 시군구단위의 지방정부가 내리는 정책 결정이 큰 영향을 미칠 것이다. 자율주행 자동차 기술이 제공하는 미래가 유토피아일지 디스토피아일지는 우리가 이 기회를 어떻게 활용하는지에 달려 있다. 도시계획가와 교통전문가는 미래 도시를 사람을 위주로 디자인해야지 자율주행 자동차를 위해 디자인해서는 안 된다는 점을 명심해야 한다.

오늘날 자율주행 자동차는 도시의 물리적 형태와 도시계획 기술을 생각지도 못했던 방식으로 재편하려 하고 있다. 20세기에는 개인 자동차가 교외지를 팽창시켰다면, 21세기에는 자율주행 자동차가 도시개발을 지원하고 장려할 것이다. 지속가능한 자율주행 자동차의 미래는 사려 깊은 비전, 수준 높은 도시계획 기술, 스마트한 투자를 통해 만들어질 수 있다. 자율주행 자동차는 교통체계, 도시의 물리적 환경, 우리의 도시를 불가역적으로 바꿀 것이다. 이제 도시를 더 우수하게 변화시키기 위해 자율주행 자동차 기술의 힘을 수용해야 할 때이다. 자율주행 자동차는 이미 우리를 향해 달려오고 있다.

3) 자율주행 자동차 시대와 광역교통 2030

정부는 2019년 10월 31일 2030년까지 철도망을 두 배로 확충해 대도시권 광역교통망을 철도 중심으로 재편하는 방안을 발표했다. 10년을 내다보는 '광역교통 2030' 비전은 출퇴근을 더 빠르게 더 편하게 더 저렴하게 하자는 것이 핵심이다. 이 정책은 2030년까지 교통거점 간 이동 시간을 30분대로 단축하고 환승 시간을 30% 이상, 교통비용을 최대 30% 줄이는 것이 목표이다. 하지만 철도 중심으로 서울 대도시권의 광역교통망 체계를 개편하는 계획이 과연 교통기술혁명, 즉 자율주행 자동차 시대의 도래에 조응하는 미래지향적 광역교통 비전인가, 미래의 교통혁명을 수용하지 못하고 구태의연한 현재의 철도기술에 의존하는 광역교통망 계획은 아닌가 하는 의문이 인다.

국토부가 발표한 '광역교통 2030'의 주요 내용을 살펴보면, 주요 거점을 30분대로 연결해 파리, 런던 등 세계적 도시 수준의 광역철도망을 구축하겠다는 계획이다. 또한 도시 내부 이동은 트램을, 외곽 지역 이동은 일반 철도를 이용함으로써 접근성과 속도 경쟁력을 동시에 갖추는 트램-트레인 도입도 검토할 예정이다. 한편 광역버스를 대폭 확대해 버스·환승 편의성을 증진하고 공공성을 강화하고자 한다. '광역교통 2030'이 차질 없이 추진되면 2030년에는 우리나라 대도시권의 광역교통 여건이 현재와 비교할 수 없을 정도로 획기적으로 개선되어 빠르고 편리하게 출퇴근할 수 있을 것으로 기대된다.

하지만 자율주행 자동차의 속도 또한 시간당 120마일(약 180km) 정도일 것으로 예상된다. 이는 '광역교통 2030'에서 계획하고 있는 광역급행철도GTX A노선의 운정-동탄 구간 약 65km 전 구간을 20분 정도에 주파하는 속도이다. 운정에서 서울까지 약 30km 되는 출퇴근 거리는 이상적인 도로 상황하에서는 단 10여 분 만에 갈 수 있다.

게다가 철도와 같은 대량 운송수단은 '포인트 투 포인트point to point'로

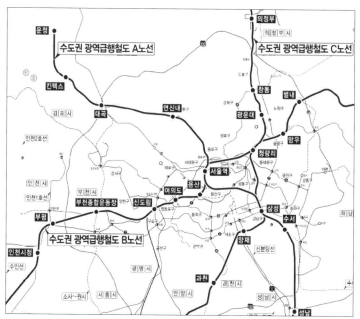

▌ 2019년 10월 정부가 발표한 '광역교통 2030' 계획도
자료: 국토교통부

연결시키는 수송 구조이다. 집에서 출발지인 역까지 가야 하며 목적지에 도착해서도 역에서 근무지까지 가야 하는 번거로운 구조이다. 그러나 자율주행 자동차는 '도어 투 도어door to door' 서비스가 가능하다. 출발지에서 탑승해 목적지까지 '원 샷'으로 갈 수 있다. 차량유지비가 저렴한 공유 자동차, 운전할 필요가 없는 자율주행 자동차, 매연 방출이 제로에 가까운 전기 자동차 시대의 등장은 교통혁명을 가져올 것으로 예상된다. 자율주행 자동차의 등장은 20세기의 고질적인 도시 문제이던 교통 체증, 주차장 부족, 차량 정체 스트레스로 인한 난폭 운전 등을 해결하고 자동차 여행의 환상적인 경험을 선사할 것이다.

국내에서 자율주행차의 상용화 준비가 마무리되는 시점은 2022년경으로 예상된다. 기술적 성숙도와 제도 및 인프라 정비 등 모든 것을 고려해 완전 자율주행차 시스템이 완성되는 시점은 2030년으로 잡고 있다. 자율주행 자동차 시대의 도래는 자전거와 보행자 시설을 증대시킬 것이며, 주차장 부지를 감소시켜 도시 중심의 재개발을 활성화할 것이다. 또한 이전에는 자동차를 위한 부지로 사용되던 도시 및 교외지에 개발 기회를 제공해 도시 형태를 바꿀 것이다.

매년 스위스 다보스에서 열리는 세계적 명성의 세계경제포럼에서는 자율주행 자동차 기술의 발전이 예상보다 빠르게 발전하고 있지만 각 도시는 여전히 자율주행 자동차 시대에 제대로 대비하고 있지 않다고 진단했다. 세계경제포럼은 2015년에는 25개 세계 대도시권 중 단지 2곳만 자신들의 도시계획에서 자율주행 차량의 도래를 언급했다고 지적했다. 그리고 자율주행 자동차가 미칠 충격의 불확실성으로 인해 각국 정부가 현재 하부구조에 막대한 비용을 투자하고 있으며 미래 기술과 연결성을 갖지 못한 곳에 예산을 투입하고 있다며 안타까워했다.

오늘날 자율주행 자동차는 도시 형태는 물론 출퇴근 같은 우리의 일상도 상상을 초월하는 방식으로 바꾸려 하고 있다. 우리의 교통체계, 도시 형태, 도시 내 적주성을 혁명적으로 변화시킬 자율주행 자동차의 도래를 '광역교통 2030'에서 고려하지 않은 것은 실로 유감이다.

자율주행 자동차는 향후 도시 형태를 획기적으로 변화시킬 것이다. 자율주행 자동차의 등장은 20세기 초 민간 자동차가 등장했을 때 못지않은 충격을 줄 것으로 예상하고 있다. 새로운 기술을 소개하는 SF 공상과학 소설의 단골 소재였던 자율주행 자동차는 운전자 지원 시스템의 발전으로 안전을 보장하면서도 세심하게 운전 기능을 통제하는 수준까지 이르렀다. 그와 동시에 연결 차량 기술의 발전은 차량과 주변 환경을 서로 통신하고 조정하면서 여행의 안전과 효율성을 보다 향상시키고 있다. 교통기술 혁명으로 삶의 양식이 변하겠지만 이것이 단순히 자율주행 차량 기술에서만 비롯되지는 않는다. 교통의 지배적인 패러다임을 개인 차량 소유에서 공유 차량으로 바꾸고 있는 공유경제, 즉 리프트와 우버 같은 공유 탑승 서비스의 성장 또한 교통기술 혁명에 한몫하고 있다.

자율주행 차량의 보급률을 정확히 예측하기는 어렵지만, 현재의 기술 발전 속도에 비추어 보면 2020년대 초에는 자율주행 자동차가 민간에 판매되어 도로에 등장할 것으로 예상된다. 차량 가격 조정, 규제 장치 마련, 사고 시 법적 책임 소재 등의 요인으로 자율주행 자동차 시장이 지연될 수도 있지만, 2035년경에는 도로를 달리는 차량 중 적어도 1/4이 자율주행 차량으로 대체될 것으로 예측되고 있다.

4. 내일의 도시: 스마트 시티와 스마트 도시계획

차량공유업체 우버는 2019년 7월 뉴욕 로어 맨해튼에서 JFK공항까지 이동하는 헬리콥터 택시 서비스 '우버콥터'를 선보였다. 이로 인해 기존 1시간(교통체증에 따라 최대 2시간)가량 소요되던 이동시간이 단 8분으로 단축되는 획기적인 변화가 일어났다. 미국 최대 온라인 상거래 업체인 아마존은 "배달 드론 프라임 에어Prime Air가 주문받은 지 13분 만에 고객의 집 마당에 제품을 내려놓았다"라고 밝혔다. 교통기술 혁명을 포함한 스마트 시티는 현대 도시 문제를 해결하는 21세기의 대안일까, 아니면 조지 오웰의 소설 『1984』처럼 빅 브라더가 시민의 사생활마저 지배하는 악몽 같은 사회일까? 도시계획가 앞에 고심되는 주제가 놓여 있지만, 분명한 것은 미래의 도시에 등장할 플라잉카 또는 에어 택시는 우리의 일상생활을 근저부터 바꿀 것이라는 사실이다.

2019년 4월 30일 국토교통부는 스마트 시티 챌린지를 통해 광주광역시, 경기도 부천시, 수원시, 경남 창원시, 대전광역시, 인천광역시 등 총 여섯 곳을 스마트 도시로 최종 선정했다. 지자체가 정부 예산으로 도시 문제를 해결하고 스마트 솔루션 서비스를 확산할 수 있는 기회를 갖게 된 셈이다.

한국보다 앞서 미국에서는 도시가 처한 당면 문제를 해결하기 위해 신교통기술을 채택하는 도전적인 도시를 스마트 시티 챌린지 프로그램을 통해 선발함으로써 혁신을 확산시켜 왔다. 2016년 10월 스마트 시티 챌린지의 최종 결선에서 오스틴, 콜럼버스, 캔자스시티, 피츠버그, 포틀랜드, 덴버, 샌프란시스코 등 일곱 개 도시를 선정해 6500만 달러를 지원했다. 스마트 챌린지는 단순한 기술 혁신만을 요구하지 않았다. 시민이 애로사항을 느끼는 교통 부문에 대담할 정도로 새로운 교통기술과 해법을 적용할 것을 요구했다.

스마트 시티를 건설하는 것은 한국과 미국에서만 일어나는 현상이 아니다. 싱가포르를 비롯해 영국, 프랑스, 중국, 인도, 중동의 아랍에미리트 등 세계 각국에서도 스마트 시티는 도시 문제를 해결하는 대안으로 관심을 모으고 있다. 스마트 시티란 무엇인지, 도시계획은 어떻게 스마트 시티의 구현을 도울 것인지, 스마트 시티가 우리가 꿈꾸는 '내일의 도시'를 가져올 것인지는 이제 도시계획가에게 중요한 화두가 되었다.

1) 스마트 시티란 무엇인가

스마트 시티라는 용어는 1990년대 등장한 후 다양하게 정의되어 왔으나 정보Information – 통신Communication – 기술Technology, 즉 ICT를 활용해서 시민에게 저가의 비용으로 업그레이드된 도시 서비스를 제공한다는 데에는 이론의 여지가 없다.

스마트 시티 이전에는 '인텔리전트 시티intelligent cities'라는 용어가 종종 사용되었다. 인텔리전트 시티는 고도의 경제개발을 위한 지식 네트워크를 언급하는 데 불과했으나, 스마트 시티는 도시 인프라의 기술적 네트워크와 물리적 환경 간의 통합을 강조한다. 최근에는 도시 시스템과 ICT 두 가지 개념을 병합하며 사회적·인간적 구성요소와 기술적 영역을 통합하는 방향으로 발전해 가고 있다. 우리나라의 '스마트도시법'에 따르면, 스마트 시티에 대해 '도시의 경쟁력과 삶의 질을 향상하기 위해 건설과 ICT를 융·복합해 건설된 도시 기반시설을 바탕으로 다양한 도시 서비스를 제공하는 지속가능한 도시'라고 정의하고 있다.

도시학자들은 스마트 시티의 수요가 빠르게 증가할 것으로 예측하고 있다. 그 이유는 첫째, 세계 인구 중 도시 거주인구 비중이 빠르게 늘어나는 도시화 경향 때문이다. 18세기 말 산업혁명과 함께 농촌에서 도시로 인구가 이동한 이래 현재는 전 세계 인구 중 50% 이상이 도시에 살고 있다. 2050년에 이르면 세계 인구의 70%에 해당하는 60억 인구가 도시에 거주해 지구 지표면의 2%에 몰려 살고 세계 총 GDP의 80%를 생산할 것으로 예측된다.

둘째, 스마트 시티 시장의 경제적 규모가 천문학적이기 때문이다. 글로벌 경영 컨설턴트 회사인 네비건트 리서치Navigant Research는 2020년 스마트 빌딩 기술 시장의 규모가 85억 달러에 달할 것이며 2030년에는 스마트 시티의 총 시장 규모가 2000억 달러에 이를 것으로 추정하고 있다. 중국은 500개, 인도는 100개의 스마트 시티를 건설하겠다고 발표했으며, 미국은 40개의 스마트 시티 건설을 목표로 하고 있다. 한국은 부산 에코델타시티와 세종시 5-1생활권을 국가 선도 도시로 지정해 스마트 시티 건설을 의욕적으로 추진하고 있다. 또한 신도시 개발 경험을 발판으로 쿠웨이트, 인도 등지에 스마트 시티를 수출하면서 글로벌 스마트 시장을 선점하기 위한 경쟁에 뛰어들고 있다.

셋째, 정치적 경향 때문이다. 시민운동의 발전으로 시민들의 권리가 신장하면서 시민들은 시 정부, 기업, 시민단체에 보다 높은 투명성과 책임감을 요구하고 있다.

넷째, 기술적 경향 때문이다. 컴퓨터 계산능력과 통신기술의 비약적인 발전은 인터넷, 빅 데이터, 클라우드 기반 컴퓨팅 기술의 발전을 가져왔다. 그 결과 수백만 개의 소프트웨어와 하드웨어에 센서가 설치되어 도시 전역을 연결할 수 있게 되었다. 도시 하부구조에서는 상수, 폐수, 스마트 그리드 에너지를 전달하는 네트워크가 이루어진다. 교통체계에서는 자동 톨 태그, 신호등 자동제어, 대중교통 수단을 위한 실시간 라우트 데이터Rout data 기술이 적용된다. 그리고 차량 대 차량Vehicle to Vehicle, 차량 대 하부구조시설Vehicle to Infrastructure, 차량 대 클라우드Vehicle to Cloud가 연결되어 서로 통신할 수 있게 되었다. 이러한 연결성은 차량의 안전, 차량 효율성, 통근시간을 향상시켜 주었다. 더 나아가 개인이 휴대하는 스마트폰, 시계, 안경에서 위치기반 서비스, 보이스 인터페이스 등의 서비스를 제공할 수 있게 되었다. 이러한 모든 기술은 수많은 데이터를 만들어내고 스마트 시티가 사용할 도시 서비스의 기반을 제공한다.

2) 왜 스마트 시티를 건설해야 하는가

기존 도시는 개별 컨트롤 타워에 의해 운용되었다. 하지만 스마트 시티는 도시 전체가 하나의 플랫폼으로서 물리적 시설 및 공간에 대한 정보와 서비스를 제공하고 이로써 인류가 지금껏 경험해 보지 못한 새로운 도시생활의 편익을 가져다준다. 스마트 시티의 장점은 다음과 같다.

첫째, 자동화를 통한 비용 절감 효과이다. 2014년 바르셀로나시는 상수, 전기 등의 시설에 사물인터넷을 적용해 7500만 유로를 절감했다. 이러한 진전은 AI 기술의 출현으로 가능해졌다. 앞으로도 스마트 시티는 AI를 기반으로 하는 기술을 점점 더 많이 사용할 것이다.

둘째, 센서기술을 이용해 스마트 시티의 효율성을 재래 도시보다 높일 수 있게 되었다. 센서는 휴식 없이 1년 365일 하루 24시간 모니터링하면서 데이터를 수집하며, 다른 시스템과의 통신을 통해 도시자원이 손실되지 않도록 만든다. 우리의 생활을 바꾸고 있는 사물 인터넷이 향후 가져올 변화는 예상하기 어려울 정도이다.

셋째, 광섬유를 통해 연결성을 향상시킨다. 이는 빠른 인터넷으로 시민의 창조성을 확대시키며, 재생에너지를 사용해 지속가능한 사회로 나아가도록 해준다. 예를 들면, 일본의 후지와시는 주택 1000채를 태양열 에너지로 변경시킴으로써 탄소에너지 배출을 70%가량 줄였다. 이것은 스마트 시티가 가져다줄 밝은 미래를 시사한다.

넷째, 스마트 교통을 통해 교통체증을 감소시킨다. 이는 통근자들의 출퇴근 시간을 단축시켜 막대한 예산을 절약하게끔 해준다.

다섯째, 스마트 시티의 건물은 더 이상 벽돌과 모르타르로 만들어진 구조물이 아니다. 건물들이 서로 연결되어 있고 전기를 자체 생산해 가계나 시에 경제적 절약 효과를 가져다주는 스마트 빌딩이 대세가 될 것이다. 인천 송도에서는 자기 집 소파에 앉아 화상채팅으로 경비원과 연락을 취할 수 있고 가상 포럼을 통해 이웃 주민들과 의견을 주고받을 수도 있다. 예전에는 집 밖으로 나가야 처리할 수 있었던 많은 일이 송도에서는 대부분 인터넷상에서 이뤄지고 있어 미래의 변화를 예측케 한다.

마지막으로, 시정부는 수집한 주민정보 빅 데이터를 활용할 수 있다. 이 데이터를 개인 맞춤형 마케팅을 하는 기업에 제공할 수도 있고 최적의 대중교통체계 노선망을 짜는 데 사용할 수도 있다.

도시가 존재하는 이유는 사람들이 다른 사람과 더불어 일하고 살고 놀이하는 장소를 제공하기 때문이다. 미래의 스마트 시티는 자율자동차가 복잡하게 상호 연결된 네트워크로, 빌딩과 데이터가 하부구조로 작용해 시민의 일상생활을 주도할 것이다. 스마트 시티는 최대 다수의 시민에게 최소한의 충격으로 최대한의 편익을 창출해 주므로 지속가능한 도시를 확장한 버전이라 할 수 있다.

3) 도시계획은 무엇을 해야 하는가

스마트 시티는 거저 오지 않는다. 오늘의 도시계획은 내일의 도시를 대비하기에는 이미 낡아버린 어제의 도시계획이 되어버렸다. 내일의 도시를 위해서는 스마트 도시계획이 필요하다. 그렇다면 스마트 도시계획에서는 무엇을 중점에 두어야 할까? 먼저 사회적·경제적 격차를 해소해 디지털 격차를 줄여야 한다. 저소득층, 농촌 거주자, 장애인, 어린아이, 노인층 같은 사회적 약자가 디지털 기술의 혜택에서 배제되지 않도록 해야 한다. 시, 군, 구 단위에서는 브로드 밴드로의 접근성을 높이기 위해 저소득 가구에 랩톱 컴퓨터나 데스크톱 컴퓨터를 지원하는 예산을 할당해야 한다. 생활의 질은 주민의 안락한 생활을 어떻게 보장해 주는가와 깊은 관계가 있다.

하지만 최첨단 기술 장비로 도시 전체를 자동화·중앙집중화하고 이로 인해 주민이 외부와 단절되고 공동체적 삶이 실종된다면 이는 스마트 시티라 할 수 없다. 이런 도시는 거리나 공공장소에서 사람 구경을 할 수 없는 '빅 브라더스'가 지배하는 사회와도 같을 것이다. 기술만 있고 주민 간에 인간적인 소통이 부재한 스마트 도시는 '내일의 도시'가 될 수 없다.

스마트 도시계획의 궁극적인 목표는 도시에 사는 사람 누구에게나 양질의 생활 조건을 제공하고, 시민 대다수가 보다 안전하고 행복하게 살 수 있는 인간주의 공동체를 조성하는 것이다. 스마트 시티에 사는 사람이 많아질수록 경제가 더욱 발전할 것이고, 이는 전체 GDP 성장에 기여하는 선순환을 일으킬 것이다.

4차 산업혁명의 핵심 기술과 스마트 도시계획을 적용한 스마트 시티에 거주하는 주민들은 이전보다 훨씬 높은 수준의 삶을 누릴 것이고, 이는 도시 전체의 도덕성을 증대시켜 행복도를 향상시킬 것이다. 이로 인해 시민들은 도시를 더욱 잘 보살피고 업그레이드시키면서 우리가 꿈꾸는 내일의 도시를 만들어갈 것이다. 어쩌면 우리는 내일의 도시에 살고 있다는 것을 알아채지 못했을 뿐, 이미 내일의 도시에 살고 있는지도 모른다.

참고문헌

마쓰나가 야스미쓰. 2006. 『도시계획의 신조류』. 진영환·김진범·정윤희 옮김. 한울
   아카데미.
윤장섭. 2004. 『서양근대 건축사』. 기문당.
조재성. 1996a. 「현대 근린구주이론의 개척자: 페리, 스타인, 라이트」. 국토개발연구
   원. ≪국토정보≫, 176호, 80~87쪽.
_____. 1996b. 「현대 도시계획의 개척자: 레이먼드 언윈」. 국토개발연구원. ≪국토
   정보≫, 180호, 78~87쪽.
_____. 1999. 『도시계획: 제도와 규제』. 박영률출판사.
_____. 2004. 『미국의 도시계획: 도시계획의 탄생에서 성장관리전략까지』. 한울아
   카데미.
_____. 2014. 『도시와 현대사회: 21세기 도시계획을 위하여』. 에듀컨텐츠휴피아.
_____. 2019a. 『100년 후의 도시를 설계하라: 조재성 교수의 도시 이야기, 댈러스,
   시카고, 뉴욕 그리고 서울』. 새빛출판사.
_____. 2019b. 「국토균형발전, 메갈로폴리스 전략으로의 패러다임 전환」. 국토연구
   원. ≪국토≫(2019.6), 66~67쪽.
_____. 2019c. 「내일의 도시: 스마트 시티와 스마트 도시계획」. 국토연구원. ≪국토≫
   (2019.10), 64~67쪽.
_____. 2019d. 「자율주행 자동차, 스마트 시티 그리고 도시계획」. 교통연구원. ≪교
   통≫, 255권, 38~39쪽.
하워드, 에버니저(Ebenezer Howard). 2006. 『내일의 전원도시』. 조재성·권원용 옮
   김. 한울아카데미.

Breheny, M. 1996. "Centrists, Decentrists and Compromisers: Views on the
   Future of Urban Form." in M. Jenks, E. Burton and K. Williams(eds). *The
   Compact City*. Taylor & Francis. pp.13~35.
Council for the Protection of Rural England. 1993. *The Regional Lost Land*.
   Council for the Protection of Rural England, London.
Dantzig, G. B. and T. L. Saaty. 1973. *Compact City: A Plan for a Liveable Urban
   Environment*. W. H. Freeman And Company, San Francisco.
Dutton, John A. 2000. *New American Urbanism-Re-forming the suburban*

Metropolis. Skira Architectural Library.

ECOTEC. 1993. *Reducing Transport Emissions Through Planning.* HMSO, London.

Fishman, R. 1977. *Urban Utopias in the Twentieth Century: Ebenezer Howard, Frank Lloyd Wright, and Le Corbusier.* Basic Books, New York.

Garreau, J. 1992. *Edge City: Life on the New Frontier.* New York: Anchor Books.

Hall, P. 1966. *The World Cities.* Librax.

_____. 1982. *Urban and Regional Planning.* George Allen & Unwin Ltd.

_____. 1998. *Cities of Tomorrow.* Bassil Blackwell.

Hilberseimer, L. 1944. *The New City.* Paul Theobald.

Jenks, M., E. Burton and K. Williams(eds). 1996. *The Compact City: A Sustainable Urban Form?.* Taylor & Francis.

Jencks, C. 1977. *The Language of Post-Modernism.* Academy Edition.

McLoughlin, J. B. 1973. *Control and Urban Planning.* Faber and Faber Limited.

Mumford, Eric. 2002. *The CIAM Discourse on Urbanism, 1928-1960.* MIT Press.

Newman, P. and J. Kenworthy. 1989. *Cities and Automobile Dependence: A Sourcebook.* Gower, Aldershot and Brookfield, Victoria.

Parker, S. 2004. *Urban Theory and the Urban Experience.* Routledge.

Rudlin, D. and N. Falk. 2000. *Building the 21st Century Home: The sustainable urban neighbourhood.* Architectural Press.

Sutcliff, A. 1981. *Towards the Planned City: Germany, Britain, the United States and France 1780-1914.* Oxford: Basil Blackwell.

Thomas, L. and W. Cousins. 1996. in M. Jenks, E. Burton and K. Williams(eds). *The Compact City: A Successful, Desirable and Achievable Urban Form?.* Taylor & Francis. pp.53~65.

Ward, V. Stephen. 2002. *Planning the Twentieth-Century City.* John Wiley & Sons, Ltd.

WCED(World Commission on Environment and Development). 1987. *Our Common Future.* Oxford: Oxford University Press.

Wolfe, T. 1981. *From Bauhaus To Our House.* Washington Square Press.

渡辺俊一. 1985. 『比較都市計劃序説: イギリス・アメリカの土地利用規制』. 三省堂.
新建築學大系. 1981. 『都市計劃』, 16卷. 章國社.

지은이

조재성

서울대학교 건축학과를 졸업하고 도시공학과에서 도시계획학 박사학위를 취득했으며, 영국 서식스대학교에서 박사후 과정을 수료하고 미시건주립대학교와 미시건대학교 교환교수를 역임한 국토개발 및 도시계획 전문가이다. 원광대학교 도시공학과 명예교수와 21세기글로벌도시연구센터 대표를 역임하며 우리나라와 외국의 글로벌 도시의 경쟁력에 대해 연구해 왔다. 대한무역진흥공사(KOTRA)의 글로벌 지역전문가로도 활동한 바 있다. 지금은 서울시립대학교 국제도시건설대학원에서 강의 중이다.

저서로는 『도시계획: 제도와 규제』, 『미국의 도시계획』, 『도시와 현대사회』, 『100년 후의 도시를 설계하라: 달라스, 시카고, 뉴욕 그리고 서울』 등이 있으며, 도시계획 분야의 고전인 『내일의 전원도시』의 번역 작업에 참여했다. 최근에는 한국사회의 뜨거운 주제인 '스마트 시티', '자율주행 자동차와 미래의 도시계획', '도시재생' 등에 대해 칼럼과 연구논설을 기고하는 등 활발한 집필 활동을 하며 한국사회의 21세기 비전을 조망하는 데 일조하고 있다.

한울아카데미 2211

21세기 도시를 위한 현대 도시계획론

ⓒ 조재성, 2020

지은이 ┃ 조재성   펴낸이 ┃ 김종수
펴낸곳 ┃ 한울엠플러스(주)   편집 ┃ 신순남
초판 1쇄 인쇄 ┃ 2020년 1월 30일   초판 1쇄 발행 ┃ 2020년 2월 10일

주소 ┃ 10881 경기도 파주시 광인사길 153 한울시소빌딩 3층   전화 ┃ 031-955-0655
팩스 ┃ 031-955-0656   홈페이지 ┃ www.hanulmplus.kr   등록번호 ┃ 제406-2015-000143호

Printed in Korea.
ISBN 978-89-460-7211-4 93530(양장)
       978-89-460-6861-2 93530(무선)

* 책값은 겉표지에 표시되어 있습니다.